池上彰の講義の時間

高校生からわかる原子力

池上　彰

集英社文庫

目次

CONTENTS

池上彰の講義の時間　高校生からわかる原子力

はじめに

二〇一一年三月一一日に発生した東日本大震災は、一度に多数の人命を奪ったばかりでなく、原子力に対する私たちの「安全神話」をも打ちくだきました。

原発は安全。多くの人が、原爆に代表される原子力エネルギーに恐れを抱きながらも、「原子力の平和利用」としての原子力発電に対しては、安全で必要不可欠なものという思いを持ち続けてきました。

しかし、その結果が、このありさまです。多くの人が故郷を追われ、避難所暮らしを強いられています。事故を起こした原子炉は廃炉になります。それには四〇年以上もかかることが明らかになりました。

二〇一一年一二月、政府は、東京電力福島第一原子力発電所の事故対策について、「冷温停止状態」になったと発表しました。ところが、当初の政府の計画案（四月一七日発表）では「冷温停止」を目標としていました。それがいつしか、「冷温停止状態」との表現にすり替えられ、「事故は収束した」という印象が広がりました。それが政府の狙いだったのでしょう。

そもそも「冷温停止」とは、通常の原子炉の運転で使われる言葉です。原子炉に制御棒が入って核分裂を抑え、原子炉の水温が一〇〇度未満になった状態を指します。

それなのに今回は、原子炉の圧力容器の底部の温度がおおむね一〇〇度以下に下がり、原子炉から外部への放射性物質の飛散を大幅に抑えたという新しい条件を設けて、これを「冷温停止状態」と表現しました。「状態」という曖昧な表現を付加することで、実際には事故の処理が終わっていないのに、「事故は収束した」とのイメージを世界に伝えたのです。

放射性物質は、事故直後よりは拡散が減ったことは確かですが、いまも微量の拡散が続いています。

厳しい現実を直視することなく、都合のいいメッセージだけを世の中に送る。これまでも、こんなやり方で、日本に原子力発電所が次々に建設されてきました。その体質が、いまも変わってはいないのです。

日本は、広島、長崎への二度の原爆投下を受け、世界で唯一の被爆国となりました。「ノーモア・ヒロシマ」「ノーモア・ナガサキ」をスローガンに、核兵器禁止への取り組みが続けられてきました。

しかし、今度は「ノーモア・フクシマ」とも叫ばなければならなくなりました。

被爆国が、なぜまた被曝国《ひばくこく》にならざるをえなかったのか。原爆で解き放たれた原子力エネルギーが、なぜ発電にも使われることになったのか。それを検証すると、第二次世界大戦後の世界と日本の様子が見えてきます。実は日本も戦前戦後を通して、核兵器の保有を検討していました。その動きはいまも消えてはいません。原子力をキーワードに、戦後世界を見てまいりましょう。

この本もまた、ホーム社の木葉篤さんと長澤潔さんとの共同作業の結果、誕生しました。感謝しています。

二〇一二年　五月

池上　彰

第1講

爆弾に使われた原子力

錬金術から始まった

人々は、いつの世にも富を求めてきました。富といえば金《きん》でしょう。しかし、金を探し出すのは至難の業です。それなら自然界に普通に存在する鉱物類を、他の鉱物と合金にしたりすることで、金を生みだすことができるのではないか。

かくして誕生したのが「錬金術」です。

錬金術師たちは、その時代の最新科学を使い、数々の実験を繰り返してきました。万有引力の法則を発見したアイザック・ニュートンも、実は錬金術の研究に熱中し、膨大な資料を残しています。

最初の動機は金のためであっても、次第に研究自体に魅せられる人たちも出てきます。その結果、学問としての「化学」が独自に発達します。錬金術師たちの中には、化学者になる人たちも生まれました。

ところが、錬金術でいくら鉱物類を溶かしたり合わせたりしていても、新しい性質の物質は生まれてきません。そのうちに、物質を構成する原子や原子核の存在が判明してきます。化学反応は原子の組み合わせを変えるだけ。原子を変えるには、原子核に手を加えないと、まったく新しい物質は生まれないことがわかってきます。

その事実がわかってくると、原子レベルで物質を変化させようと試みる学者たちが現れました。こうして原子核の分裂を発見する科学者たちが出現するのです。

発見された技術は、やがて原子爆弾や原子力発電所へと発展し、莫大《ばくだい》な富を生み出します。つまりは「現代版錬金術」が成功することになるのです。

核分裂が発見された

すべての原子核は陽子と中性子から成り立っています。このうち陽子の数によって、原子の種類が決まっています。たとえば陽子が一個なら水素、二個ならヘリウムです。

陽子の数の小さい方から順番に並べて番号をつけたのが原子番号です。これが周期表になります。自然界で原子番号が一番大きいのはウランの九二。つまり陽子の数が九二個です。

これより大きい元素は自然界には存在しません。となると、学者たちは、錬金術師のように、自然界にはない元素を作り出したくなります。ウランの原子核に中性子をぶつけると、まったく新しい元素が生まれるかもしれない。こう考えた学者たちが、原子核に中性子を衝突させる実験を行うようになりました。

一九三四年、イタリアの科学者エンリコ・フェルミは、ウランに中性子を当てると、いくつもの放射性元素が生まれることを発見しました。当初彼は、中性子が当たったことで、ウランよりも原子番号が上の元素が生まれたのだろうと考えましたが、実際には、ウランの原子核が分裂していたのです。

それに気づいたのは、ドイツのカイゼル・ウイルヘルム研究所のオットー・ハーンという科学者でした。かつての共同研究者で、ユダヤ人であるためナチスから逃れてスウェーデンに亡命していた女性科学者のリーゼ・マイトナーに、この現象に関する科学的アドバイスを求めます。そのマイトナーが、核分裂を理論的に立証しました。一九三八年一二月のことです。

ウランの原子核に中性子が当たることで原子核は分裂。二〇〇メガボルトという膨大なエネルギーが発生し、二ないし三個の中性子が飛び出すことがわかったのです。これによりハーンはノーベル化学賞を受賞しますが、マイトナーの研究に言及することがなかったため、彼女は受賞を逃します。

ちなみにフェルミは、一九三八年にノーベル物理学賞を受賞しますが、ファシズムが進む祖国イタリアにいたたまれず、アメリカに亡命。やがて原爆開発のマンハッタン計画に加わります。

彼らの発見が、原子力開発の始まりでした。

ウランの原子核に中性子を当てると、原子核が分裂して二ないし三個の中性子が発生する。これらの中性子が、近くの原子核に衝突・吸収されると、そこからまた二ないし三個の中性子が放出される。これを繰り返せば、ネズミ算式に核分裂が発生します。これが連鎖反応です。核分裂のたびに膨大なエネルギーが発生しますから、これを瞬時に引き起こせば、きわめて威力の強い爆弾を製造することが可能です。これが原子爆弾の原理です。

一方、このエネルギーを少しずつ取り出すことで湯を沸かし、発電ができます。この原理をもとにしているのが原子力発電所です。

原理はひとつ、原子力発電も原子爆弾も仕組みはまったく同じです。核分裂で発生させた高熱で人の命を奪うのが原子爆弾。湯を沸かし、水蒸気でタービンを回すのが原子力発電です。

核分裂から原子爆弾へ

その後、原子力は、原爆を製造するという軍事目的で研究が進められ、発電など平和利用に使われるより先に、原子爆弾が完成してしまいます。

人類初の原子爆弾実験は、一九四五年七月でしたが、アメリカが原子力発電の運転を開始させるのは、それに遅れること一二年。一九五七年一二月のことでした。

オットー・ハーンたちの研究は、一九三〇年代半ばから一九四〇年初頭にかけて進んだ物理学の成果を踏まえたものです。純粋に科学的なものでした。

それがなぜ、人を殺すための爆弾の製造に結びついてしまったのか。ハーンとマイトナーが原理に気づいた時期が、ドイツがポーランドに攻め込んで第二次世界大戦が勃発する九か月前だったからです。時代が悪かったというべきでしょうか。

一九三〇年代、ドイツではナチス・ドイツが勢力を伸ばしていました。ナチスは人種的偏見を持っていました。自分たちアーリア人こそが優れた民族であり、ユダヤ人のような「劣等民族」は根絶やしにする必要がある。この恐るべき理論により、ユダヤ人の迫害に乗り出します。一九三三年には、ユダヤ人の公職追放まで実施しました。これを恐れたユダヤ人の科学者たちは、こぞって国外逃亡を始めます。

アメリカに亡命していたユダヤ人の物理学者たちは、ハーンたちの研究の成果を知り、自分たちがこれまで研究を重ねてきた原子物理学の成果がドイツの手に渡れば、世界制覇のために使われるのではないかと恐れました。それこそまさしく悪夢でした。

ドイツが核分裂爆弾を開発すれば、間違いなくヨーロッパ戦線で使用するだろう。そうなれば、大戦の戦局は一挙に変わり、ドイツの勝利に終わる。亡命物理学者たちは、このように考え、危機感を募らせたのです。

ドイツに先を越されるなと開発

当時のドイツは、すでにチェコスロバキアにあるウラン鉱山を支配していましたし、ウランの対外輸出禁止に踏み切ってもいました。ウランが毎週のように国内に運び込まれているという情報もあって、ドイツが核兵器の開発を進めていることは確実とみられたのです。

こうした危機感を持った学者の代表として、アメリカに移住していたドイツ生まれの物理学者アルバート・アインシュタインは、一九三九年八月二日、ルーズベルト大統領に「ドイツに先を越されてはならない」という主旨の手紙を送りました。世界的物理学者レオ・シラードと連名でした。「アインシュタイン＝シラード書簡」です。

手紙の中でアインシュタインは、核分裂に関する科学が発展し、原子爆弾を製造することが可能になってきたこと、爆弾を船で運び込み、どこかの港で爆発させれば、たった一発で港湾施設もろともあたりを破壊できてしまうことなどを指摘しています。

そして、もし仮にドイツが先に開発に成功したら、連合国にとっても大変な被害をもたらすことになると警告し、アメリカが原爆の開発を進めるように求めました。

それに動かされて、アメリカは、国家プロジェクトとして大規模な核開発計画に踏み切ったのです。

アメリカにしかつくれなかった爆弾

核分裂爆弾の製造が理論上可能になったことは、「ネイチャー」や、「フィジカル・レビュー」など国際的な科学雑誌に発表された研究成果を専門家が読めば、すぐにわかることでした。これらの雑誌は、世界の主な科学者たちが読んでいました。船便なので日本への到着は少し遅れましたが、日本の科学者も読んでいたので、一九四五年八月、「広島に新型爆弾」という新聞の見出しを見て、それが核分裂爆弾であるとピンときた人々が、少なからずいたのです。

しかし、ドイツに先を越されてはいけないということで、アメリカは情報管理に乗り出します。一九三九年九月に第二次世界大戦がヨーロッパで始まると、アメリカ政府は核分裂の研究成果の発表を一切禁止します。科学誌などにも出なくなります。一九四〇年になると、プルトニウムが発見されるのですが、これも一切秘密にされました。原爆が広島、長崎に投下されるまで情報は封印されたのです。

理論上では核分裂爆弾の製造が可能であっても、実際に製造するとなると、そこには天と地ほどの隔たりがあることもわかってきていました。

ウランを核分裂するまで濃縮するには、高度な技術と莫大なエネルギーが必要とされ、実験を繰り返さなければなりません。当時それだけの人材と技術、資金を持ち合わせた国はアメリカしかありませんでした。

さらに、開発を急がなければ戦争に負けてしまうという危機感が、開発を推進させます。その結果、世界で最初にアメリカが原子爆弾を作ってしまうことになったのです。

その後、ドイツの核兵器製造計画は、実は進んでいなかったことが判明します。一九四四年一一月、アメリカ軍の特殊部隊がドイツに潜入。ドイツで核分裂を研究していたシュトラースブルク大学の研究者を拉致し、自宅や研究室から押収した資料を分析しました。その結果、核兵器を製造できる可能性についてヒトラーに報告は上がっていたものの、まだ研究段階にとどまっていたことが判明したのです。ドイツの研究は、アメリカより少なくとも二年近く遅れていたことがわかりました。

アメリカは、半ば幻影に追い立てられたことで、後に悪魔の兵器と呼ばれる「魔物」を地上に送り出してしまったのです。

アインシュタインの苦しみ

第二次世界大戦の欧州戦線でドイツの敗色が濃くなった一九四五年三月、アインシュタインは、ルーズベルト大統領に対して、「原子爆弾についてのすべての作業を即時に中止する命令を出して欲しい」という手紙を出しています。

ドイツが先に原子核分裂爆弾を作り出したら大変だとの危機感から核開発を進言したアインシュタインですが、ドイツの核開発が進んでいなかったこと、まもなくドイツが敗北する情勢であることを見て、もはや原子爆弾を作り出すべきではないと考えたのです。

「世界の状況は変わり、以前は当然であると思われた多くのことが、もはや適切ではなくなった。核兵器を使用することによって、アメリカの威信に汚点がつく」と、アインシュタインは正反対のことを訴えました。

しかし、翌四月、ルーズベルト大統領の突然の死によって、アインシュタインの懇願の手紙は、大統領の目に触れることはありませんでした。原子爆弾の開発は進み、次のトルーマン大統領は、日本への原爆投下を決断します。

日本も原爆を研究していた

このようにアメリカは、ドイツが核分裂爆弾を開発することを恐れていましたが、実は日本も、独自に開発を進めようとしていたのです。

フェルミやハーンたちの研究成果は、日本の学界にも届いていました。日本の科学者たちばかりでなく、軍人たちも、この研究が何を意味するか理解しました。

一九四〇年四月、陸軍航空技術研究所所長の安田武雄《やすだたけお》中将は、部下の鈴木辰三郎《すずきたつさぶろう》中佐に対して、原爆製造が可能かどうか調査するように命じています。鈴木中佐は、東京帝国大学の学者に相談しながら調査を進め、この年の一〇月になって、原爆は理論的に製造することが可能であるとの報告書を提出しています。日本の科学技術の水準も、このレベルには達していたのです。

これを受けて安田中将は、当時の陸軍大臣東条英機《とうじようひでき》の同意を得た上で、一九四一年四月、理化学研究所に対し、原爆製造に関する研究を依頼します。

理化学研究所は、当時の日本の原子核物理学の研究の中心になっていました。

理化学研究所の仁科芳雄《にしなよしお》は一九四三年一月、原爆製造は可能であり、ウラン235を濃縮すればいいと報告しています。研究依頼から報告まで二年もかかっていました。この間にアメリカでは、大規模な開発が進んでいました。研究開始時期には日米にそれほどの差があったわけではありませんが、この時点で、日米の差は決定的になっていました。

この報告にもとづき、日本でも原爆製造に向けた準備が、陸軍航空本部の直轄研究として開始されます。これが一九四三年五月から始まった「ニ号研究」です。この秘密コードのカタカナの「ニ」は仁科の頭文字でした。

一九四四年七月からは、六フッ化ウランを用いてのウラン濃縮実験が始まっていました。

しかし、一九四五年四月の空襲で実験施設が焼失。実験は中止になりました。

一方、日本政府は、やはり原爆研究を開始していたドイツに対して、ウラン鉱石を送るように依頼しています。依頼を受け、ウランを積んで日本に向かっていたドイツの潜水艦は、途中で攻撃を受けて沈没し、日本にウランは届きませんでした。

原爆の研究を進めていたのは陸軍ばかりではありませんでした。

一九四二年の秋、海軍艦政本部が、京都帝国大学の荒勝文策《あらかつぶんさく》教授を中心とするグループに研究を依頼。一九四五年になって「F研究」として本格化します。Fはfission（分裂）の頭文字からとりました。

陸軍は理化学研究所、海軍は京都帝国大学。それぞれが別個に研究をしていました。

大規模な国家プロジェクトとして推進されたアメリカとは、大きな差がありました。海軍の研究は、ウラン濃縮の設計段階で敗戦を迎えます。

戦後、日本を占領した連合国軍は、占領下の日本に対して、原子力研究の全面的な禁止を命じます。日本の原子力研究が解禁されるのは、一九五二年四月に発効したサンフランシスコ講和条約で日本が独立を果たしてからのことでした。

この歴史をみて、私は、さて、と考え込みます。

日本は唯一の被爆国です。でも、その日本も、原爆の開発を密《ひそ》かに進めていたことを知ると、私たちの歴史へのイメージは変わってくるのではないでしょうか。

日本は原爆開発を本格化させる前に敗戦を迎えましたが、もしいち早く原爆を製造していたら、日本は果たして戦争で使用したのでしょうか。製造して保有していることと、使用することの間には大きな隔たりがあります。とはいえ、敗色濃くなっていた日本は、「起死回生の兵器」として、これを使ったかもしれません。

日本が原爆開発を進めていたからといって、アメリカの原爆投下を免罪できるわけではありませんが、日本はどうしたであろうかと考えると、なんだか恐ろしい気持ちになってきます。

マンハッタン計画発動

ドイツに負けるな。これを合言葉に、アメリカは「原子核分裂爆弾」の開発に乗り出します。

それが「マンハッタン計画」です。一九四二年八月にスタートしました。

マンハッタンは暗号のコード・ネームです。計画の直接の管理責任者に任命された人物が、アメリカ陸軍マンハッタン地区担当の技術将校だったためで、後にプロジェクト全体の呼び名になりました。

原子爆弾の設計と製造の総責任者には、カリフォルニア大学教授だったロバート・オッペンハイマーが就任しました。彼は後に、「原爆の父」と呼ばれます。

ニューメキシコ州のロスアラモス研究所に大勢の科学者が集められ、原爆開発が急ピッチで進められました。研究所の面積は一万ヘクタールという広大なものでした。

この計画に携わったのは、全部で五万四〇〇〇人。資金は、当時の金額で二〇億ドル。現在の日本円に換算すると、およそ一〇〇兆円にも達します。日本の国家予算を超える金額が注ぎ込まれたということです。

なぜそんなことが可能になったのか。アメリカは、多数の兵士を戦地に送り出しながらも、国内は好況を謳歌《おうか》していたからです。

一九三九年の国民総生産は、九一〇億ドルでしたが、一九四五年には、それが、たちまち二一五〇億ドルにはね上がります。悩みの種の失業問題すら、戦争のおかげですっかり消え失せていました。

当時アメリカは、「戦争が始まって以来、生活水準を向上させた唯一の国」と、自賛するゆとりさえありました。

ロスアラモス研究所の隔離されたこの場所は、監視体制が敷かれ、通信の自由もなく、手紙も、私書箱（「合衆国陸軍私書箱1663号」）だけが頼りでした。莫大な資金は、当然のことながらアメリカ国民が納めた税金でしたが、議会にも国民にも一切秘密のうちに進められました。情報公開が進む先進民主主義国でさえも、軍事目的となると、国民に知らされないまま事態が進行するのです。

原爆は、ウランの濃縮によるウラン型原爆と、プルトニウムによるプルトニウム型原爆の双方の開発・製造が進められました。

材料となるウランは、アフリカのベルギー領コンゴ（現在のコンゴ民主共和国）から輸入されました。さらに、カナダやアメリカ国内のコロラド州の鉱山からのウランも使われました。

ウラン235の濃縮工場はテネシー州オークリッジに、プルトニウム製造工場はワシ

マンハッタン計画の主な関連施設

ントン州ハンフォードに、原爆製造工場は、ロスアラモスに、それぞれ建設されました。原爆製造の関連施設は、アメリカの一九の州とカナダにまたがる計三七か所にものぼりました。

国家プロジェクトとなると、人材と資金を惜しげもなく注ぎ込む。「NASA」（航空宇宙局）による宇宙開発でもそうでしたが、いかにもアメリカらしいやりかたです。

これは戦争でも同じで、いったん戦略を立てると、大量の人員と物資をいっぺんに送り込み、戦場を制圧。敵を叩《たた》きつぶすというやり方をとります。ちょっと予算をつけてやってみて、うまくいきそうなら、さらに予算を増やそうという「逐次《ちくじ》投入」という方式を好む日本とは好対照です。

たとえば第二次世界大戦中の日本軍で

は、米軍に占領された南太平洋の島を攻略する際、千人単位の兵士を少しずつ送り込み、次々に全滅していくというケースもありました。

第二次世界大戦で、日本はアメリカの物量作戦に負けたとよくいわれますが、負けたのは物量ではなく、そもそも戦略の問題だったのです。

その体質は、戦後も続きます。東京電力福島第一原子力発電所の事故の際にも、原子炉を冷やすため、自衛隊のヘリコプターで上空から水を投下し、効果がないとわかると警視庁機動隊の放水車を投入。水が届かないとわかると、東京消防庁のポンプ車を派遣……という要員の「逐次投入」を繰り返しました。現場の人たちは決死の思いで任務を遂行しましたが、戦争中と、発想がまったく変わっていなかったのです。

マンハッタン計画は急ピッチで進められましたが、それでも核実験成功まで三年を費やすことになりました。その過程では事故も起きましたが、外に洩《も》れることはありませんでした。少なくとも二人のスタッフが、不慮の爆発事故で大量の放射線を浴び、苦しみぬいた末、数日で死んでいったという記録が残されています。

つまりアメリカは、少なくとも現場の科学者は、この時点で放射能と被曝の恐ろしさを知っていたということになります。

膨大な資金がつぎ込まれたプロジェクトには、軍だけでなく、さまざまな産業が協力しました。

このプロジェクトは、アメリカに「軍産複合体」(産軍複合体とも)が形成されるきっかけともなりました。「軍産複合体」とは、軍と産業界が密接な協力関係を持ち、軍需産業が発展することで、やがては軍需産業を維持させるために、軍備の拡張が進められるようになるという逆転現象のことを言います。

「我々はすべて、悪魔の子になった」

一九四五年七月一六日。実験の日がやってきました。暗号名「トリニティ(三位一体)」とされた世界初の核実験です。

アメリカ南部ニューメキシコ州アラモゴードの砂漠には、高さ三〇メートルの鉄塔が建てられ、この上にプルトニウム型原爆が設置されました。

午前五時半、夜明けの砂漠に強烈な閃光《せんこう》が走ります。巨大なキノコ雲が立ち上りました。二九〇キロも離れた都市ですら、住宅の窓ガラスが割れる被害が出て、大騒ぎになりました。自国民にも極秘の開発プロジェクトですから、アメリカ軍は、「アラモゴード航空基地で弾薬庫が爆発した」と虚偽の発表を流しました。

この実験に成功したとき、開発プロジェクトにいたゲオルグ・キスタコフスキーは、「地球が滅亡する最後の瞬間、最後の人類が目にするのはこんな光景なのだろう」と、そのありさまをふりかえっています。また、実験責任者のケネス・ベインブリッジは、「これで我々はすべて、悪魔の子になってしまった」と語りました。

総責任者であったオッペンハイマーの脳裏に浮かんだのは、彼がサンスクリット語で読んでいたヒンズー教の教典『マハーバーラタ』の中の詩編「バガヴァット・ギーター」の一節でした。

「もしも、千の太陽の煌《かがや》きが天空に飛び散ることあらば、全能なる神の燦然《さんぜん》たる輝きのごとくにならん……我は死となり、世界の抹殺者となれり」

遂に「世界の抹殺者」の力を得てしまったのです。日本の降伏まで、後一か月に迫っていました。

第2講

世界で最初の原爆投下

地上すべての可燃物が燃え上がった

広島、長崎に投下された原子爆弾とはどのようなものだったのか。想像を絶する破壊力のあらましをここでもう一度ふりかえっておきましょう。

平和利用の時代に、未知のエネルギー源として原子力と出合った諸外国の人々と違って、身をもってその正体を知らされた国民として、最低限必要な知識だと思うからです。

広島市内の平和公園。毎年八月六日、ここで平和記念式典が開かれています。私がここを初めて訪れたのは、大学生のときでした。静かで広い公園と、被爆の惨状を伝える原爆資料館の落差に衝撃を受けたことを思い出します。

市の中心部に近い場所に広がるこの公園。昔から存在したと思っている人もいますが、ここは原子爆弾投下前、住宅密集地でした。

原子爆弾が爆発し、一面焼け野原になった場所に、広い公園をつくったのです。

一九四五年八月六日午前八時十五分。広島に投下された原子爆弾は、広島市上空約六〇〇メートルで炸裂《さくれつ》しました。爆発で生まれた火球は、爆発の一秒後には直径二八〇メ

一瞬のうちに廃墟と化した広島の市街地（1945年8月6日）

ートルの大きさに達しました。温度は、爆発の瞬間には数百万度、一秒後の火球の表面温度は約五〇〇〇度であったと推測されています。

広島市上空に〝小さな太陽〟が誕生したと思ってみてください。半径二キロ以内にある可燃物は、すべて燃え上がりました。

爆発と共に周囲の大気は膨張して爆風となり、地上を襲いました。爆心地から五〇〇メートル離れた場所で秒速二八〇メートルもの爆風が吹いたはずだというのです。

上空で突然発生した火球の下にいた人たちは、爆発の際の高熱で、一瞬にして蒸発してしまったり、大やけどを負ったり、爆風で吹き飛ばされたりしました。

即死を免れても

やけどを負った人々は、皮膚が焼けただれて垂れ下がり、変わり果てた姿になったといいます。

被爆者たちは、何が起きたのかもわからないまま、市内をさまよい、川に飛び込んだりして次々に死んでいきました。

爆発で即死を免れた人も、間もなく急性放射線症の病状が現れ始めます。高熱が出て吐き気が襲い、髪が抜け始めます。下痢が続き、歯ぐきや鼻から出血して、大小便にも血が混じるようになります。即死を免れた人々も、間もなく苦しみながら死んでいったのです。

この年の暮れまでに、広島では一四万人、長崎では七万人の人が亡くなりました。その後も死者は増え続け、これまでに広島で計二三万人余、長崎で計一二万人余にのぼっています。

私は中学生の頃、学校の図書館で広島の被爆者の悲惨な実情を撮影した写真を初めて見ました。米国の許可によって、初めて公開された画像ですが、言葉にできない衝撃でした。「人間が、こんな状態になることがあるのか。こんな事態を引き起こす人間がいるのか」という悲しみと怒りに、言葉がありませんでした。

世界へ発信された「ノーモア・ヒロシマ」

広島の惨状は、イギリスの新聞「デイリー・エキスプレス」のウィルフレッド・バーチェット記者によって広く世界に知らされました。原爆投下からほぼ一か月後の九月三日に広島に着いた彼は、被爆者の悲惨な様子を取材しました。原爆投下から何日も経っているのに、爆発から逃げ延びた者が、原爆症で次々に死亡している様子を記事にしたのです。

九月五日に掲載された記事は、「ノーモア・ヒロシマ」という文章で締めくくられていました。

この記事が出ると、アメリカ原子爆弾災害調査団は、「放射能の影響を受けるはずがない」と否定の記者会見を東京で行います。原爆開発計画にかかわった米軍のファーレル准将は、「ヒロシマ、ナガサキで死ぬべき者はみな死んだ。現在、放射能のために苦しんでいる者は皆無だ」と記者を集めて公言しています。一九四五年九月のことです。

アメリカは放射能の影響を否定する一方、原爆に関するあらゆる資料の公表を禁止しました。日本の報道は検閲を受けました。被爆のデータは持ち去られ、隠されたのです。

私が見た写真も、日本がサンフランシスコ講和条約によって独立を果たした後、初めて日の目を見たものでした。当時日本は、アメリカ軍の占領下にあったため、この命令を守るしかありませんでした。

アメリカとしては、原爆の悲惨さが世界に知れ渡るのを避けたいという政治的判断がありました。と同時にそもそも原爆が爆発すると、大量の放射能が発生し、人間を死亡させたり苦しめたりするという被曝の恐ろしさを、当時の多くの人たちは、よく理解していなかったのです。

その後、原爆が爆発すると、大量の放射性物質を撒《ま》き散らし、残留放射能によって健康被害をもたらすことがわかってきました。核実験をするたびに、土地が放射能で汚染されるということがわかってくるのは、さらに後のことだったのです。

広島と長崎では種類が違っていた

広島に落とされた原爆は「リトル・ボーイ（ちびっこ）」、長崎は「ファット・マン（ふとっちょ）」とニック・ネームがつけられていました。形状からそう呼ばれたのですが、材料も違っていました。

広島に落とされた原爆はウラン、長崎はプルトニウムが使われていました。

広島に投下された「リトル・ボーイ」

長崎に投下された「ファット・マン」

ウランもプルトニウムも、一定量が一か所に集まると、「臨界状態」つまり、核分裂が連続して起きるようになります。

「広島型」で使われたウランは、ウラン235。これは天然ウランの中に〇・七％しか存在しません。残りは核分裂を起こさないウラン238です。

そこで天然ウランからウラン235だけを取り出して濃縮しなければなりません。濃縮度を九二％以上に高めて、初めて核兵器に使えるようになるのです。

一方、原子力発電所用のウラン燃料の場合、ウラン235の標準濃縮度は三〜五％程度です。

「広島型」は砲弾の形をしていました。濃度一〇〇％のウラン235の臨界量は約二二キロ。つまり、二二キロのウラン235を一度に一か所に集めれば爆発するのです。そこで、広島型原爆は、六〇キロの高濃度のウラン235を、二つに分けて爆弾の中に置き、仕掛けた火薬を爆発させて、片方のウランをもう一方に衝突させるようにしました。二つが一緒になると臨界量になって核分裂が連鎖反応を起こす状態になり、巨大な爆発が起きるのです。ウランの塊を別々に分けてぶつけるという原理から、砲弾のような形になったのです。

一方、「長崎型」原爆は丸みをおびていました。これは「爆縮型」と呼ばれます。核分裂を起こさないウラン238に、原子炉の中で中性子を当てますと、ウラン23

８は短期間でプルトニウム２３９に変化します。このプルトニウム２３９は、純度九三％以上に精製することで、原子爆弾の材料になります。

しかし、プルトニウムを「砲弾型」のように二つに分けただけだと、それぞれ片方の量だけでも、自然に臨界に達してしまう危険性があります。このため、プルトニウム原爆は、ウラン原爆のような原理で作ることはできません。そこで、プルトニウムをいくつかに小分けした上で、一度に一か所に集中させるという方法をとります。臨界量のプルトニウムを小分けして球状に配置するのです。それぞれのプルトニウムに起爆剤を添え、火薬を同時に爆発させてプルトニウムを中心部に集め、臨界量にさせて核分裂を起こします。

これが「爆縮」です。プルトニウムを中心部に集中させて核分裂を瞬時に起こさせるためには、一〇〇万分の一秒の正確さで同時に起爆剤を爆発させなければなりません。そこで、開発がむずかしく、完成しても実際に爆発するかどうか実験が必要になります。そこで、長崎への投下の前に、アメリカ国内で、核実験が行われました。

一方、広島型の原爆は原理が簡単なので、実験をして確かめなくても確実に爆発すると考えられ、実験することなく投下されました。ウラン２３５の濃縮には時間がかかり、戦争中にはウラン型の原爆が一個しか完成していなかったので、実験に使用してしまったら投下する分がなくなってしまう、という事情もありました。

二つの原子爆弾を兵器として見ると、ウラン型よりプルトニウム型の方が〝進んで〟いました。ウラン235の濃縮には巨大な施設が必要で、大量の電力を消費し、しかも製造に時間がかかります。完成した原子爆弾はかなり大きなものになってしまいます。その点、プルトニウム239は小型の原子炉があれば製造できます。核分裂を起こすのに必要な量は、ウラン235の半分程度なので、小型で軽量な核兵器が作れます。核ミサイルに搭載するには、プルトニウム型が適しているのです。この理由によって、現在、核保有国が持つ核兵器の大多数は、プルトニウム型になっています。

なぜ日本に投下されたのか?

アメリカでの核実験の成功によって、原子爆弾の使用が可能になったことがわかると、開発に携わっていた科学者の中には、日本に対して使われるのではないかと恐れる人が出てきました。原爆の威力を知っているからこその心配です。すでに太平洋の戦線で、日本軍は敗北に次ぐ敗北を重ねていました。日本が降伏するのは時間の問題という見方もあり、そんな状態の日本に原爆を使うまでのことはないと考えたのです。

しかし、トルーマン政権は別の考えを持っていました。バーンズ国務長官は、大統領に対して、「原爆は戦争終結後の世界において、わが国を有利な立場に置くでしょう。

ソ連その他の国に、譲歩する必要がないからです。わが国が原爆を保有すること、その威力を示すことは、ヨーロッパ大陸でのソ連を御しやすくさせるでしょう」と進言していたのです。

大戦末期、同じ連合国であったアメリカとソ連は、さまざまな点で対立するようになります。トルーマン大統領は、戦後のことを考え始めていました。戦後の世界は、アメリカとソ連という二大国家の対立になるという予感がすでにありました。それに備えて、ソ連より圧倒的に強い立場を確保する必要に迫られていたのです。実際に使ってみせることによって、原爆の脅威を知らしめる。つまり、戦後をにらみアメリカはあえて原爆を投下したのです。

後日、トルーマン大統領は、日本への原爆投下が、純粋に軍事的な視点で決められたことを強調します。

原爆を投下せず、地上軍を進攻させたら、アメリカ兵に多数の犠牲者が出ただろう。さらにアメリカが日本に上陸をして、日本の本土で地上戦が起きれば、日本側にも多大な犠牲者が出たはずだ。原爆投下によって、日米双方に多大な犠牲者を出すことを防ぐことができた。これが戦後のアメリカの公式な立場になります。

一九九五年、首都ワシントンにあるスミソニアン博物館で、第二次世界大戦終結五〇周年を記念して、核兵器が現代社会にどのような意味があるかを問う特設展が計画されました。主催者は、広島・長崎での被爆被害の様子も取り上げ、被爆者の遺品を展示しようとしました。キノコ雲の下でどんなことが起きていたのか、アメリカ人にも知ってもらおうと考えたのです。

ところが、これがアメリカ国内で反発を招きます。特に退役軍人を中心に、原爆展は、勇敢に戦ったアメリカ兵を侮辱するものだという反対運動が起きました。原爆投下は、「多くの人命を救うことになり、正しかった」というわけです。

結局、広島に原爆を落としたB29の「エノラ・ゲイ」という愛称がついた爆撃機の展示だけにとどまりました。

多くのアメリカ人が、このような認識を持っているのです。

第３講

核開発競争始まる

ソ連も原子爆弾を手に入れた

一九四九年九月三日、日本近海からアラスカに向けて飛んでいたアメリカ軍の気象観測機が、大気中から高濃度の放射能を帯びた塵《ちり》を採取しました。

アメリカの原子力専門家グループは、これをソ連が核実験を行った証拠だと判断しました。塵の内容や風向きなどから、アメリカと酷似した原子爆弾をソ連も開発し、八月二六日から二九日のいずれかの日に、ソ連領土のどこかで核実験を実施したと推測しました。

現代なら宇宙に偵察衛星があり、世界中に地震計が設置されていますから、他国の核実験を察知するのは容易なことですが、当時は、その手段がなく、採取した塵や風向きなどから推測するしかなかったのです。ソ連の実験は、アメリカの推測通り、八月二九日の午前七時（現地時間）に行われていました。

それまでアメリカは、ソ連に原爆など作れるわけがないとタカをくっていました。それだけに受けた衝撃は大きかったのです。アメリカの核兵器独占があっさり破られた日でした。

九月二三日になって、アメリカのトルーマン大統領は、ソ連が「原子力装置の爆発実験を行った」と発表しました。

アメリカ国民にショックを与えないように、「原子爆弾」という言葉をあえて避け、原子力装置という表現を使ったのです。

ソ連は、ソ連領内のカザフ共和国（当時はソ連を構成する一共和国。ソ連崩壊後は独立し、現在はカザフスタン）のセミパラチンスクで核実験に成功していました。

次は水爆開発へ

ソ連が開発した原爆は、アメリカのものに酷似していました。そのはずです。ソ連のスパイがアメリカの設計図を写しとっていたのですから。アメリカのマンハッタン計画には、イギリスの科学者も協力していました。イギリスから派遣された科学者の中に、ソ連のスパイがいたのです。

おかげで、ソ連の原子爆弾開発は、短期間でアメリカに追いつくことができました。

アメリカは、ウラン型原爆とプルトニウム型原爆の両方の開発を進めた結果、プルトニウム型の方が短時間で小型の原爆を製造できることを知りました。ソ連は、そのような試行錯誤をすることなく、最初からプルトニウム型原爆の開発・製造に邁進《まいしん》できたのです。

首都モスクワから四〇〇キロ離れたサロフという町に原子力施設が極秘裏に建設されました。サロフの名は近くの町の名前と私書箱番号を組み合わせた「アルザマス16」と変えられ、地図から抹消されました。近くには独裁者スターリンによって「反逆者」とレッテルを貼られた人たちが収容された強制収容所があり、労働力がいくらでも使えたのです。

ソ連の核実験成功によって、アメリカは危機感を抱きます。東西冷戦が始まっていました。将来、ソ連との全面戦争になるかもしれません。ソ連に対して優位に立つためには、さらに核開発を進めなければいけないと考えたのです。そこで次の目標となったのが、水素爆弾（水爆）の開発でした。

原爆がウランやプルトニウムの原子核を分裂させるのに対し、水爆は逆に水素の原子核を融合させて莫大なエネルギーを取り出します。このため、水素爆弾と名付けられました。

太陽は水素が核融合することで高温と光を発しています。この原理を使い、地球上でも再現しようというものです。

核融合を実現させるためには、太陽のような高温状態を作り出すことが必要でした。

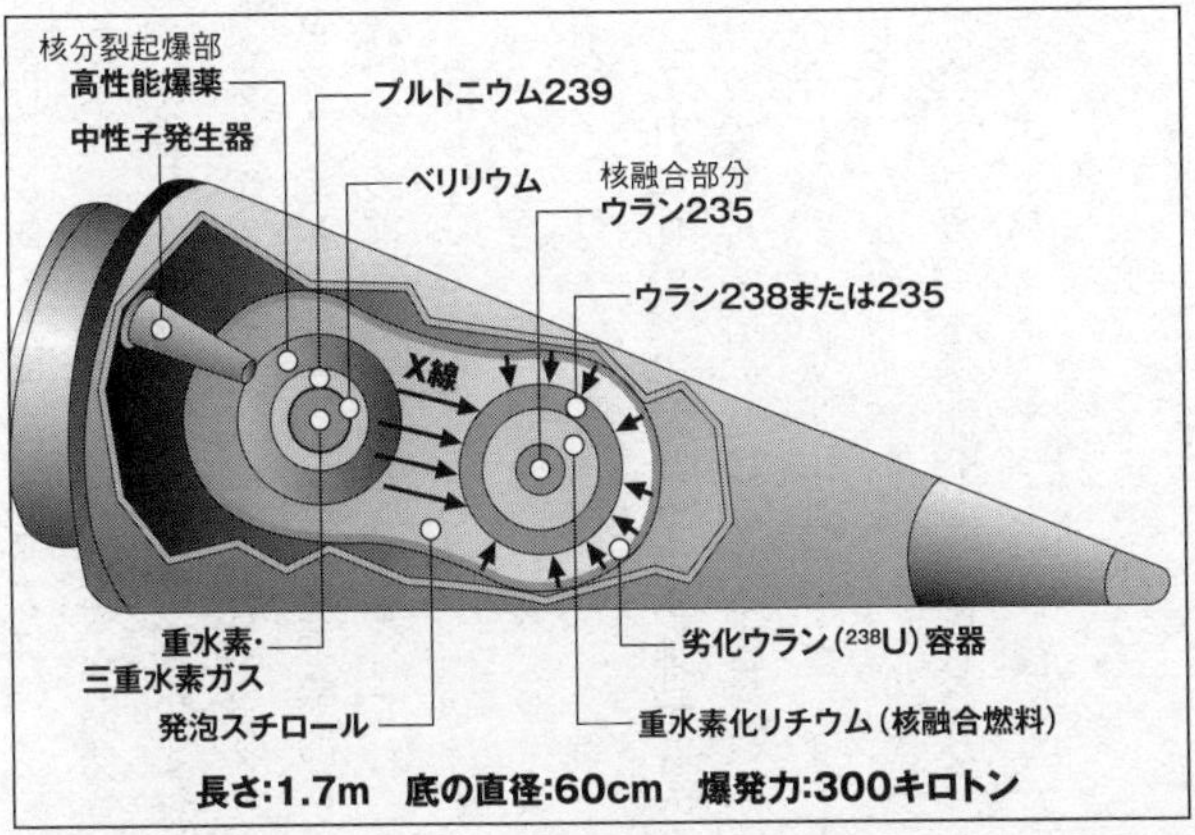

水素爆弾の構造図（「U.S.NEWS」1995年をもとに作成）

それが難問だったのですが、原爆を爆発させることで高温状態を作り出す方法が考案されました。水爆の起爆剤として、原爆を使うのです。

まずは原爆の爆発で超高温を生み出し、発生した中性子を重水素に向けて集中させることで、水素の核融合を実現します。これにより、地上に「太陽」を出現させました。

しかし一方で、この爆弾の開発をめぐって、アメリカ国内では議論がまきおこりました。

ひとつは、大都市に投下された場合、住民のほとんどが死ぬという道義上の問題です。アメリカの物理学者たち一二人は、「この爆弾はもはや通常の兵器ではなく、全人類を絶滅するための手段なのである」

と開発反対の声明を出しました。

また、もうひとつは、莫大な開発費です。費用がかかり過ぎるため、原子爆弾の量産を圧迫しかねないという懸念も生まれたのです。

それでも、一九五〇年一月、アメリカのトルーマン大統領は、水素爆弾の開発にゴーサインを出します。「水爆が理論的に可能なら、ソ連もきっと開発するだろう。だったら、その前にアメリカも開発しておこう」と考えたのです。

そしてこの決定によって、一時はすっかりさびれ、ゴースト・タウンになるのではないかとさえいわれていたロスアラモスの実験基地は、たちまち息を吹き返したといいます。

これに伴い、アメリカの物理学者の数も急増しました。第二次世界大戦終戦時にアメリカの物理学者の数は、ヨーロッパからの亡命者を中心に数千人規模でしたが、一九七〇年には、三万人近くに達していました。そのうちの約半数は、軍事関係の研究に従事していたとみられています。

アメリカで水爆開発の責任者になったのは、アメリカに逃れてきたユダヤ人の物理学者のエドワード・テラーで、後に「水爆の父」と呼ばれました。

爆発で島が消えた

一九五二年一一月一日、初の水爆実験が行われました。場所は、太平洋にあるサンゴ礁で囲まれたエルゲラブ島です。爆発した水爆は、広島型原爆の一千倍の威力でした。火の球は直径三マイル（四・八キロ）にも広がり、エルゲラブ島は、一瞬のうちに姿を消しました。島があった場所には直径一・六キロ、深さ六〇メートルの巨大なクレーターが出現しました。

爆発から二時間後、発生したキノコ雲の中に四機の戦闘機が入り、放射性物資のサンプルを採取しましたが、激しい気流の渦に巻き込まれ、一機が墜落。パイロット一人が死亡しました。

アメリカは、原爆よりも威力の強い兵器を手に入れたのです。ソ連に対して優位に立てた。アメリカは、そう思いました。

しかし、そうではありませんでした。ソ連も翌年（一九五三年）の八月二〇日、初の水爆実験に成功したと公表したからです。

ソ連がアメリカに追いつくのに、原子爆弾では四年かかっていますが、水素爆弾ではたったの九か月でした。

「核兵器を独占し、ソ連より優位に立つ」というアメリカの戦略はもろくも崩れさりました。これ以降は、核兵器をより強く、より多くという競争が激化。核実験が頻繁に実施されるようになったのです。

ソ連の水爆開発の責任者はアンドレイ・サハロフでした。彼は、やがて自らが開発した水爆の恐ろしさを知り、ソ連の体制に対しても批判を強めたことから、ソ連で反体制派として弾圧されることになります。

一方、アメリカの「原爆の父」と呼ばれるロバート・オッペンハイマーも、自ら開発した原爆の威力に驚き、水爆の開発に携わらなかったことで、公職を追われています。

米ソそれぞれの責任者が、核兵器の恐ろしさを知り、国家意志に逆らったことで、不遇な立場に追いやられるのです。

繰り返された核実験と地球汚染

開発した核兵器が、設計通りの爆発力を発揮できるかどうか。核兵器を開発した国は核実験を繰り返すようになります。それによって、世界は放射能に汚染されていきます。

冷戦当時、アメリカは南太平洋のビキニ環礁で、ソ連はカザフ共和国のセミパラチンスクで、核実験を行います。

原爆の開発を進めたのはアメリカ、ソ連ばかりではありませんでした。イギリスは、一九五二年一〇月に核実験を行います。島国イギリスには実験する場所がなかったので、イギリス連邦に所属するオーストラリア北西部のモンテ・ベロ島が選ばれました。

さらに一九六〇年にはフランスが追いつきます。実験場は、北アフリカのサハラ砂漠のルガンヌ実験場でした。その後フランスは、南太平洋ポリネシアのムルロア環礁を使うようになります。

アメリカやイギリスの仮想敵国はソ連でしたが、フランスにとっては、ソ連よりもむしろドイツでした。将来再びドイツとの戦争になることを恐れていたからです。

イギリスもフランスも、アメリカのマンハッタン計画に参加していた自国の科学者たちがもたらした情報によって核開発を進めることができました。すべてはロスアラモス研究所からの情報だったのです。

世界で五番目の核保有国になったのは中国でした。当時は同盟国だったソ連の技術援助によって、開発が進められました。一九六四年一〇月、新疆《しんきょう》ウイグル自治区のロプノール核実験場で最初の原爆を爆発させ、さらに一九六七年には水爆実験も実施しました。核実験の回数は、世界中でわかっているだけでも二千回以上といわれています。

中国の核兵器製造工場は四川省《しせんしょう》に集中して建設されました。内陸部の地形が、アメリカやソ連からの攻撃を防御しやすいと考えられたからです。二〇〇八年五月に発生した四川大地震では、これらの施設が大きな被害を受けたとみられています。

中国の仮想敵国はもちろんアメリカでしたが、やがてソ連も入ってきます。ソ連と中国の関係が悪化し、軍の小競り合いも始まるようになると、中国にとってソ連は仮想敵国どころか、まさに敵国となります。

核兵器は、爆発したときに大量殺人を引き起こすだけではありません。爆発した後、地球を放射能で汚染し、生態系まで変えてしまう。実験によって生まれた死の灰＝放射性物質が世界中にばらまかれ、環境を大きく破壊する。そんな考えは、まだ生まれていませんでした。そんな時代だったのです。

一九五〇年代、核実験の演習に参加させられたアメリカの兵士たちが、命令によってキノコ雲に向かって突撃させられ、被曝するという事態も起きました。とんでもない話ですが、実際にあったことなのです。

日本にも降り注いだ

核実験で発生した放射能の塵は、偏西風に乗って、日本の上空に飛んできます。私が小学生の頃は、「雨に打たれると髪の毛が抜ける」などと言われたものです。これは、広島での被爆者の髪が抜けたことからの連想でした。実際には、髪の毛が抜けるほどの大量な放射性物質が含まれていたわけではありませんが、それでもかなりの量の放射性物質が、日本各地に飛来・落下したのです。

二〇一一年三月一一日に発生した東京電力福島第一原子力発電所の事故以来、各地で放射性物質が検出されています。ところが、その際、「福島の事故に由来するものではない」と発表されることがあります。これは、当時の放射性物質が、いまも日本各地に堆積していることを示しているのです。

原発事故以降、各地で観測された放射線の量が発表されています。なぜ、そのような観測点が日本に多数あるのか。核実験が各国で繰り返された当時、ソ連や中国から日本に飛来する放射性物質を観測するために設置されたものがあるからなのです。

福島原発の事故で、放射性物質が漏れたり、汚染された水が太平洋に流れたりして、ロシアや中国が日本に抗議しています。もちろん大変な問題ですが、当時を知る私としては、「では、あの頃の責任はどうしてくれるのだ」と言い返したくもなります。

ソ連が崩壊する直前、ソ連軍は、古くなった原子力潜水艦を解体するときに、原子炉を日本海に捨てていました。

これを知って仰天した日本は、原子炉を解体するための費用を出して日本海への投棄をやめさせた経緯があります。そんなことをしていたロシアに文句を言われたくないのですが、それはそれ、これはこれ、ということなのでしょう。

核実験が「ゴジラ」を生んだ

繰り返された核実験は、日本独自の映画を生み出すことになります。それが「ゴジラ」です。

一九五四年一一月三日の「文化の日」に封切られた東宝映画『ゴジラ』は、「水爆大怪獣映画」と銘打たれていました。

日本近海に忽然《こつぜん》と現れた体長五〇メートルの怪獣ゴジラが、船や島を襲い、遂《つい》には東京に上陸して、破壊の限りを尽くすというあらすじです。円谷《つぶらや》英二《えいじ》が特撮を担当しています。

この映画を観《み》た人は、この年だけで九六一万人にものぼりました。当時の総人口の一割が観たという計算です。この興行的成功で、作品はシリーズとなり、二〇一六年の『シン・ゴジラ』まで六〇年間に二九作が作られるという国民的ヒットになりました。

プロデューサーの田中友幸《たなかともゆき》は、「ハリウッドの怪獣映画をヒントに、水爆実験に対する抗議の気持ちからこの作品を構想した」と語っています。また、監督の本多猪四郎《ほんだいしろう》（一九九三年、八一歳で没）は、ＰＣＬ（東宝映画の前身）に就職後、三度召集され、日中戦争に従軍。帰国途中、原爆で壊滅した広島の光景を眼にしています。戦争も、水爆もこりごりだという気持ちで、ゴジラを撮ったと言っています。

また、夜にやってきて、品川沖から上陸し、東京の街を破壊し尽くすシーンには、東京大空襲のイメージが重なっていたといいます。

この作品がなぜ、これほど国民の心を揺さぶったのか。南太平洋の海底から、執拗《しつよう》に日本だけを目指しやってくるゴジラは、「核の落し子」であり、また太平洋戦争の死者たちの悲しみが隠されているという解釈もあります。

核爆発によって怪物を地上に生み出しながら、しまいにはその抹殺を図る国家への怒りが、共感を生んだというとらえかたもできるのです。

核ミサイルが開発された

東西冷戦が激化する中で、核兵器をどうやって相手の国に運び込むか、という運搬手段の点でも技術開発が進められました。原爆を爆撃機に搭載し、ソ連の上空まで運んで投下しようとすると、爆撃機が途中で撃墜される恐れがあります。ミサイルに搭載して発射すれば、撃墜されることなく相手の国に壊滅的な打撃を与えることができるはずです。

第二次世界大戦中、ドイツはイギリス本土を攻撃するロケットを開発し、実戦に使用していました。爆弾を積んだロケットがドイツ国内から発射され、イギリスのロンドンなどを襲ったのです。V1ロケットと呼ばれました。戦後、アメリカとソ連は、このドイツのロケット技術を本国に持ち帰り、さらに高性能なミサイルを開発しました。

このミサイルは、アメリカ大陸とソ連のユーラシア大陸との間を飛ぶので、「大陸間」といい、そのコースが弾道であるので、弾道ミサイルあるいは弾道弾といいます。

大陸間弾道ミサイルは、発射から十数秒で燃料を使い切って大気圏外に飛び出します。宇宙空間を惰性で飛び、相手の国の上空で大気圏に再突入。目標地点に落下します。その間、わずか三〇分。発射されて間もなく、ほぼ真上から猛烈な速度で突入してくるミサイルを撃ち落とすことは、この頃の技術では不可能でした。相手にとって致命的な武器を双方が開発に成功したのです。

東欧軍事施設も標的に

水爆実験が成功した直後にアメリカの大統領に就任したアイゼンハワーは、核兵器もほかの兵器と同じように使用可能なものであると考える、という方針を打ち出しました。

アイゼンハワー大統領は、ソ連が、「アメリカは核攻撃を仕掛けてこない」と誤解して、世界のどこかで局地戦を展開したり、局地戦を拡大したりすることを防止するため、

「ソ連の攻撃に対しては、核兵器で報復することがある」というメッセージをソ連に送ったのです。

さらに、アメリカの戦略空軍司令部は、一九五〇年代半ば頃、戦略爆撃機を大量に動員してソ連や東欧諸国の軍事施設を核攻撃する計画を持っていました。

いったんソ連との間で核戦争が始まったら、ソ連にとどまらず、その同盟国である中国、東欧、北朝鮮、北ベトナムにも核攻撃する計画が立てられました。まさに、世界核戦争です。

理論化された「核抑止力」

東西冷戦時代、アメリカもソ連も、相手の意図について疑心暗鬼に駆られていました。相手がどんな意図を持っているかわからなかったため、常に最悪の事態を想定するしかなかったのです。

地球規模での陣取り合戦を繰り広げていた両国は、相手の国が突然核攻撃を仕掛けてくるかもしれないと考え、その対策をとることになりました。それが、次の構想です。

もし相手の国が先に核ミサイルで攻撃を仕掛けてきたら、直ちに報復する。相手の国に対し、大量の核ミサイルを撃ち返す。そうなると、最初に攻撃を仕掛けた側も大打撃を受ける。それでは、最初に攻撃を仕掛けても自殺行為になる。このことを相手の国の政治指導者、軍幹部が知っていれば、核戦争は防げる。

これが、「核抑止力」の考え方でした。

これは、「相互確証破壊」(Mutual Assured Destruction)の理論と呼ばれました。「どちらが先に攻撃しても、結局両方とも全滅する」という「相互確証」があって初めて核戦争は抑止されるという理論です。

英語の頭文字を並べると、「MAD」(狂気)になります。まさに異常な発想であると呼ばれたのです。

生き残れる数の核兵器を

お互いが相手を必ず全滅させるだけの力を維持するためには、相手の国からの先制攻撃で自国の核ミサイルが全滅しないように、大量の核ミサイルを保持する必要があります。相手が先制攻撃してきても、生き残った核ミサイルが相手国を攻撃すれば、相手国も全滅する。それだけの核ミサイルを準備しておこうということになります。

双方が同じことを考えますから、常に「相手の攻撃にも生き残れるだけの数の核兵器を」と、核兵器を大量生産することになります。

かくして、膨大な核兵器製造競争が始まりました。地球上の人類を何度でも全滅させるだけの核兵器が生産されたのです。

製造した核兵器の運搬手段の開発競争も進められました。相手が核ミサイルで攻撃してきても、核弾頭を積んだミサイルが生き延びられるように、アメリカでは核ミサイル発射装置を全米各地に点在させます。

核ミサイル発射装置が全滅しても大丈夫なように、核ミサイルを積んだ爆撃機を二四時間空中に待機させておき、地上の基地が全滅しても、空中から報復できるようにしておきます。

相手国の軍隊に、こちらの核ミサイル発射部隊がどこに潜んでいるかわからないようにすれば、とりあえず最初の攻撃から生き延びられます。そこで、世界各地の海に、核ミサイルを積んだ潜水艦を配置します。それが原子力潜水艦であれば、燃料の補給が必要なく長期間潜っていられます。

しかし、相手の国も同じように、核ミサイルを積んだ潜水艦を配置すると心配になります。そこで、相手の国の核ミサイルを積んだ潜水艦（戦略ミサイル潜水艦）を、いつでも追尾する潜水艦を配備します。いざとなったら、相手の潜水艦が核ミサイルを発射する前に攻撃して沈めてしまうのです。このタイプの潜水艦は、「攻撃型潜水艦」と呼ばれました。

かくして冷戦中、世界の海で、アメリカとソ連の潜水艦が、潜伏、追跡、逃走を日夜繰り返していたのです。

飛来する核ミサイルの幻影

お互いが相手から飛んでくる核ミサイルの幻影に怯《おび》え、核ミサイルを大量に配備していたのですから、時にはレーダーに映った鳥の大群を敵国のミサイル飛来と判断してしまう、という事態も起きました。世界が知らなかったところで、機器の故障や担当者の勘違いから核戦争の一歩手前までいったことが、何度もあったのです。

一九六一年九月、当時のアメリカのケネディ大統領は国連で演説し、「すべての男も女も、子供たちも、核というダモクレスの剣の下で生きている。この剣は世にも細い糸で吊《つ》るされ、事故、誤算、狂気によって、いつ切れるかもわからない」と語りました。

私たちは、一人ひとりがダモクレスの剣の下で生活している。小学生だった私は、この比喩にリアルな恐れを感じたものです。

コラム　ダモクレスの剣

古代ギリシャの伝承です。王に仕えていたダモクレスが、王の豪華な生活を羨むと、王はダモクレスを王座に座らせ、豪華な食事を振る舞います。ところがダモクレスが頭上を見上げると、天井から細い糸で剣がぶら下がっていました。王は、常に命の危険と隣り合わせであることを臣下に知らせたのです。

この故事から、常に危険と隣り合わせであることのたとえとして使われるようになりました。

米ソが核使用を覚悟した日

ダモクレスの剣を吊った糸が切れるかもしれない。世界がそう思った一瞬もありました。

一九六二年一〇月、ソ連がアメリカの隣国キューバに核ミサイルを運び込んでいることに気づいたアメリカは、キューバに向かうソ連の貨物船を実力で阻止すると発表。ソ連と全面対決の姿勢をみせたときのことです。これが「キューバ危機」です。

このとき、米ソとも核戦争を覚悟しました。世界は核戦争の恐怖に怯えたのです。

このキューバ危機より前の朝鮮戦争のときも、北朝鮮軍と中国による攻撃に反撃するため、アメリカ軍内部で、核兵器の使用が検討されました。トルーマン大統領は、「あらゆる武器を使用する」と核兵器の使用を示唆したことがあります。

東西冷戦時代、あわや核戦争という事態が何度か発生していたのです。

また、事故もしばしば発生しました。一九六一年には、アメリカ国内で核兵器を積んだ爆撃機B52が墜落。ノースカロライナ州ゴールズボロに核爆弾二個を落としてしまう事故が起きました。核爆弾には簡単に爆発しないように安全装置が六個ついていましたが、片方の爆弾は、爆弾についていたパラシュートの紐《ひも》が木にひっかかって強く揺さぶられた結果、五個の安全装置がはずれてしまっていました。かろうじて残った最後のひとつの安全装置によって、核の惨事は防がれたのでした。

一九六五年一二月、ベトナム戦争に参加したアメリカ軍の空母「タイコンデロガ」が、横須賀《よこすか》の米軍基地に向かう途中の沖縄近海で、水爆一個を積んだ戦闘機を海中に落とす事故を起こしています。海中に沈んだ水爆は、いまも回収されていません。

一九六六年一月には、スペインのパロマレスで、B52と空中給油機が空中衝突し、四個の水爆が落ちました。一個は干上がった川に落ち、二個は人家のある地域に落ちて、放射能汚染を起こしました。最後の一個は海中に落ち、回収するのに三か月かかりました。

こうした核兵器が関係する事故は、暗号名で「ブロークン・アロー」(折れた矢)と呼ばれました。一九五〇年から一九八〇年までの間だけで、三二件発生しています。ここでも恐怖と背中合わせだったのです。

自宅の「核シェルター」

核戦争が発生したら、どうすればいいのか。アメリカでは、住民全員を避難させる核シェルターを建設する都市も現れました。地下鉄の構内を核シェルターにも使えるように設計する場合もありました。

個人用の「核シェルター」も売り出されました。自宅の庭に地下室を作り、空気清浄機を取りつけて、大量の食料と水を貯蔵しておくというものでした。「核ミサイルが飛んでくる」という警報が出たら、家族がこのシェルターに避難して、核爆発から身を守る。核爆発の後に発生する放射能が高い状態が続いている間は、核シェルターに潜んでいる。こういう目的で製造され、米ソ間の緊張が高まるたびに、売上げが伸びました。

しかし、この程度の対策で核戦争を生き延びることができるのか、誰にもわからないのでした。

中国では、一九七〇年以降、主な都市に、巨大な地下都市が建設されました。首都北京では、全住民の半数が、警報から五分以内に地下都市に避難できる規模のものが作りあげられました。いまも天安門広場の地下には、そのシェルターが残っています。

破壊力限定の核兵器

「核抑止力」の理論を採用していたアメリカは、やがて「大規模な核戦争ではない核戦争」という概念を編み出します。もしソ連が攻撃してきたら、アメリカとしては核兵器で対抗しなければならないが、全面核戦争になってしまえば、両国とも滅亡してしまいます。そこで、爆発力の大きい核兵器は使用せず、ごく限られた爆発力を持つ兵器だけを使い、都市部をはずして限定した戦争にするというものです。

これが、限定戦争の考え方です。この考え方にもとづいて、「戦術核兵器」が大量に生産されました。一九六〇年には、アメリカは陸・海・空軍合わせて一万発もの戦術核兵器を保有するまでになりました。この戦術核兵器の多くはヨーロッパに運ばれ、ソ連軍や東欧の同盟軍が西ヨーロッパに攻め込んできたとき、即座に使えるよう準備が進められていました。

しかし、たとえアメリカが限定的な核戦争を意図していても、相手が限定的な戦いをするという保証はどこにもありません。全面戦争にならないように〝理性的〟に考えていても相手もそう行動してくれるとは限りません。理性とはかけ離れた発想でした。

「核の冬」地球滅亡へのシナリオ

核兵器は、爆発したときに人を殺すだけではなく、爆発後に地球の生態系を破壊する。こんな研究結果が、世界を揺るがせたことがありました。「核の冬」です。

一九八三年一〇月、アメリカのワシントンで「核戦争後の世界」についての科学者たちの研究発表と公開討論会が開かれ、「核の冬」についての見通しが明らかになりました。

もし核戦争が起きると、核爆発と、それに伴って発生する大火災の塵芥《じんかい》と煙が地球全体を覆います。地球を覆い尽くす微粒子によって、地上に届く太陽光線の量は激減し、地球は、「冬」を迎えます。これが「核の冬」という考え方です。

空は常に暗く、気温は急激に下がります。植物は全滅。食料危機が、核戦争で生き残った人類を襲うというのです。

さらに、核爆発でオゾン層が破壊されます。オゾン層は有害な紫外線が地上に届くのを防ぐ働きがあります。オゾン層が破壊されると、その効果が消滅します。

地球の周囲を微粒子が覆っている間は、この影響はありませんが、やがて微粒子が減り、地球上に太陽光線が差し込むようになると、有害な紫外線が動植物に打撃を与えます。

ここでも、かろうじて生き残った動物や植物、もちろん人類も危険にさらされるのです。

かつて地球上を我がもの顔に闊歩《かっぽ》していた恐竜たち。この巨大な生物が滅亡したのは、六五〇〇万年前、地球に巨大な隕石《いんせき》が衝突したからだといわれています。隕石が地球に衝突した際に巻き上げられた土砂が地球を覆ったために、植物が枯れ、植物をエサにしていた草食の恐竜が死滅し、草食恐竜をエサにしていた肉食の恐竜も滅びたとされています。

同じ事態が、核戦争によって引き起こされる、というのです。

核ミサイルを相手の国に撃ち込むと、相手国から報復されます。「自殺行為」になりますが、実は、相手国からの報復がなくても「自殺行為」になるというのが、この「核の冬」の理論です。自分の国が発射した核ミサイルの爆発によって地球の気候が激変し、結局は自分の国も甚大な被害を受けるからです。

私たち人類が、いかに愚かであるか。「核の冬」の理論は人間の愚かさを浮き彫りにしました。

実験禁止への第一歩

たび重なる核実験は、大気中に大量の放射性物質を撒き散らしました。その結果、核兵器をなくすのは困難でも、せめて核実験はやめてほしいという国際世論が盛り上がります。一九五四年には、インドのネルー首相が、核実験の禁止交渉を呼びかけました。

こうした国際世論に押されるかたちで、一九六三年八月、アメリカ、イギリス、ソ連の三か国は、ソ連の首都モスクワで、「部分的核実験禁止条約」（ＰＴＢＴ）に調印しました。

この条約は、大気中の核実験を禁止しました。しかし、地下核実験までは禁止していませんでした。アメリカ、イギリス、ソ連の三か国は、すでに地下核実験の技術を獲得していましたから、大気中の核実験が禁止されても、核兵器開発には支障がなかったのです。

むしろこの条約は、地下核実験の技術を持っていない国が核兵器の開発をできないようにする意味がありました。核兵器を三か国が独占しようというねらいがあったのです。

この条約に、地下核実験の技術をまだ持っていなかったフランスと、密かに核実験の準備を進めていた中国は反対し、参加しませんでした。

保有国のための条約

フランスと中国も参加する条約は、その五年後（一九六八年）に調印され、一九七〇年に発効しました。「核拡散防止条約」（核兵器の不拡散に関する条約。ＮＰＴ：Treaty on the Non-Proliferation of Nuclear Weapons）です。この条約は「核兵器保有国」以外の国が核兵器を開発したり保有したりするのを防ぐ条約です。

この場合の「核兵器保有国」とは、「一九六七年一月一日以前に核兵器を製造しかつ爆発させた国」と規定されています。つまり、アメリカ、ソ連、イギリス、フランス、中国の五か国だけ。それ以外の国が核兵器を開発・保有することを禁じる条約です。今度は核兵器を五か国で独占する条約だったのです。

この五か国は、核兵器を持っていない国の核兵器開発を援助しないこと、核兵器を持っていないで条約に加わった国は、核兵器を製造しないことを取り決めています。

その一方で、核兵器を持っていない国が原子力を平和目的で利用する権利を保証しました。核兵器を持たないと約束した国には、核保有国が、原子力発電所の建設技術を教えたり、原子力発電所を建設したりすることができるようにしました。いわばアメを与えたのです。

また、核兵器を持っていない国が、原子力発電所など核物質を生み出す施設を持った場合、こうした核物質を兵器に転用していないかどうか、「国際原子力機関」(IAEA)の査察を受け入れなければならないことなどを定めています。

核兵器は五か国が独占するという差別的な条約でしたが、世界の多くの国がこの条約に加わり、核兵器を持たない、持とうとしないことを宣言しました。

日本もこの条約に参加し、定期的にIAEAの査察を受けています。

「見えない」核実験

大気中での核実験はなくなったとはいえ、地下での核実験は続いていました。

地下実験を含めて、すべての核爆発実験が禁止されたのは、東西冷戦が終わり、核実験禁止の機運が高まった一九九六年のことでした。国連総会で、「包括的核実験禁止条約」(CTBT)が採択されたのです。日本は、このときに署名し、翌年に批准しています。

この条約は、核爆発実験を完全に禁止しています。「核実験を地球上から完全になくしたい」という願いがかなったかのように思えますが、問題は、条約が発効する条件です。つまり、「これだけの条件が満たされたら、条約は効力を持ちますよ」という条件があるのです。

二〇一五年六月現在で一八三か国が署名し、一六四か国が批准していますが、発効には核保有か核開発能力を持つ「発効要件国」四四か国の批准が必要とされています。そのうち、アメリカ、中国、インド、パキスタン、イスラエル、エジプト、イラン、北朝鮮が未批准のままです。

この四四か国には、条約を認めないインドやイスラエルも入っています。つまり、核兵器を持っているインドとパキスタン、核兵器を持っていることを宣言してはいないが確実に持っているであろうイスラエルが条約に加わっていないので、条約が効力を持つ見通しがついていないのです。

さらにアメリカは、クリントン政権が条約採択に賛成しましたが、共和党が多数を占めていた議会上院が条約の批准を拒み、その後のブッシュ大統領も、批准そのものに関心を示しませんでした。

条約批准を公約としたオバマ大統領の登場によって、ようやく発効への機運が高まり、オバマ大統領は上院に批准を求めましたが、上院は動く気配を示しませんでした。

さらに、インドとパキスタン、それに北朝鮮は、その後も地下核実験を実施しています。

また、アメリカとロシアは「核爆発を伴わない実験」は繰り返しています。これは、

「臨界前実験」（未臨界核実験とも）といいます。臨界に達しない量のプルトニウムを火薬の爆発で圧縮し、プルトニウムがどのような反応を示すか実験しているのです。

この実験では、プルトニウムは臨界に達しません。つまり、核爆発を起こすことはありません。「核爆発」を伴わないから、条約に違反しない、というのが、アメリカとロシアの主張です。核廃絶を訴えていたはずのオバマ大統領の時代になっても、臨界前実験は続けられていました。

たしかに核爆発はさせていませんが、核実験を通じて核兵器の開発を進めることがないようにしようという条約の趣旨には反しているのではないか、という批判があるのです。

アメリカもロシアも、実際に核爆発をさせてみなくても核開発ができる技術を獲得したので、核爆発を伴う実験の禁止に同意したのだろうとみられています。

動きだしたアメリカとソ連

核実験禁止への動きとは別に、アメリカとソ連との間では、冷戦中にも、なんとか核兵器を減らそうという動きがありました。

最初の動きは、一九六九年一一月から始まった戦略兵器制限交渉です。「戦略兵器」、つまり戦場で使われる「戦術核兵器」ではなく、相手の国を壊滅させる威力を持った核兵器の数を制限しようという交渉です。

交渉は一九七二年にまとまり、当時のアメリカのニクソン大統領とソ連のブレジネフ書記長との間で調印されました。

「戦略攻撃兵器の制限に関する一連の措置についての暫定協定」（ＳＡＬＴ Ｉ《ソルトワン》）と、「弾道ミサイル迎撃システムの制限に関する条約」（ＡＢＭ制限条約）です。

通称「ＳＡＬＴ Ｉ」と呼ばれる条約は、核兵器を減らす約束ではありません。これ以上増えることに制限を設けるだけのものでした。

それどころか、ＩＣＢＭ（大陸間弾道弾）は、アメリカが一〇〇〇基まで、ソ連は一四一〇基まで持つことが認められました。いずれも、当時保有している数より多い数字でした。

「迎撃しない」という奇妙な取引き

「ＳＡＬＴ Ｉ」と同時に調印された「ＡＢＭ制限条約」は、「相手が自国に向けて発射したミサイルを撃ち落とすのはやめよう」という奇妙な約束です。

アメリカ、ソ連両国とも、万が一、相手の国が核兵器で攻撃してきたら、直ちに報復できるだけの核兵器を開発してきました。その一方で、相手の国からミサイルが飛んできても、これを途中で撃ち落とすシステムの開発も進められてきました。ところが、もしこのシステムが完成すると、「相手の国から飛んでくるミサイルは全部撃ち落とせる。だから報復を心配しないで攻撃しよう」と考えるかもしれないとの心配が生まれました。もしこんなことを考えたら、先制攻撃したいという衝動に駆られる可能性があります。これでは「核抑止力」の理論が通用しなくなります。

両国はこれを心配し、相手のミサイルを撃ち落とすシステムを制限しようとしたのです。具体的には、国家全体の防衛を禁止し、システムの配備は、首都防衛か、ＩＣＢＭ発射基地防衛のどちらかにすると限定しました（当初は二か所の配備が認められていたが、二年後の改定で一か所に制限された）。さらに、防衛のためのミサイルは一〇〇基と制限しました。お互いが、それ以上の防衛は放棄したのです。

こうすれば、相手の国からの報復攻撃を恐れて、どちらの国も先制攻撃しないだろう、というわけです。

「相手からの攻撃を防衛する仕組みを放棄することで、自国の防衛を達成する」

なんとも倒錯した発想による条約なのです。

抜け道だらけの軍縮条約

「ＳＡＬＴ Ｉ」をさらに発展させた条約が一九七九年にアメリカとソ連の間で調印されました。これが「ＳＡＬＴ Ⅱ」です。

この条約では、戦略兵器の保有数を米ソとも同数の二二五〇に制限しました。しかしこれは、核弾頭の数でもなければ、ミサイルの数でもありません。ミサイルの発射装置の数でした。

この頃は両国とも、ひとつのミサイルに複数の弾頭を搭載する技術を開発していました。これを、「多弾頭ミサイル」（ＭＩＲＶ）といいます。ミサイルが敵国の上空まで達すると、ミサイルの先端部分に入っている複数の弾頭が、それぞれ別々の目的地に向けて落下していくという仕組みです。

このため、ミサイル発射装置の数を制限したところで、この発射装置から発射できるミサイルはいくらでも増産できましたし、ひとつひとつのミサイルにいくらでも核弾頭を積むことができました。

この抜け道だらけの条約はしかし、一九七九年一二月にソ連軍がアフガニスタンに侵攻したため、アメリカ議会で批准されることはありませんでした。効力を発することはなかったのです。

ようやく実現した歴史的合意

核兵器をこれ以上作るのはやめよう、という話し合いはあっても、その核兵器を削減する動きは、なかなか進展しませんでした。初めて実現をみたのは、一九八七年に調印され、翌年に発効した「中距離核戦力（ＩＮＦ）全廃条約」です。レーガン大統領とゴルバチョフ書記長が調印しました。

この条約は、射程五〇〇キロ以上、五五〇〇キロ以下の兵器を全廃することを約束しました。対象になるのは、ソ連はＳＳ20ミサイル、アメリカは、パーシングⅡ型ミサイルでした。核弾頭はミサイルから取り外して保持するけれど、ミサイル本体と発射装置は破棄することを取り決めました。

これにより、アメリカは、ミサイル八五九発、ソ連はミサイル一七五二発を破棄しました。

両国にとって、破棄するミサイルの数は、保有する核兵器全体からみればわずかなものでしたが、まがりなりにも削減に踏み出したのは、初めてのことでした。核兵器の時代が始まって四三年目にして初めて、核兵器の数が減少へと向かったのです。

始まった戦略核兵器の削減

最初に削減された核兵器は、いまみたように中距離核兵器でした。主にヨーロッパに配備された核ミサイルで、アメリカ、ソ連両国が直接相手を狙う核ミサイルではありませんでした。

相手を直接狙う戦略核兵器の削減を取り決めたのは、東西冷戦の終わりが近い一九九一年七月のことでした。「第一次戦略兵器削減条約」（START《スタート》 I《ワン》）です。

この条約では、まず戦略核兵器を運搬する手段（大陸間弾道ミサイル、潜水艦発射弾道ミサイル、戦略爆撃機）を七年間で一六〇〇に削減する。さらに弾頭数をそれぞれ半分の六〇〇〇に減らす、というものです。

そして、ソ連が崩壊してロシアになった後の一九九三年、「第二次戦略兵器削減条約」（START《スタート》 II《ツー》）が結ばれました。この条約では、両国の戦略核弾頭の数をそれぞれ三〇〇〇ないし三五〇〇に削減すること、多弾頭の大陸間弾道弾を全廃することなどを決めました。

さらに二〇〇二年五月、アメリカとロシアは、核兵器を一段と削減し、戦略核弾頭を一七〇〇ないし二二〇〇発まで減らす約束を結んだのです。思えば、ここまでくるのは長い道程《みちのり》でした。

増え続ける核保有国

アメリカとロシアの間では核兵器を削減する話し合いが進んでいても、世界全体でみると、核兵器を保有する国は増えています。核拡散防止条約は、核兵器を保有している五か国が核を独占し、それ以外の国に持たせない仕組みでした。にもかかわらず、この五か国以外に、インド、パキスタンが核兵器を持つようになり、イスラエルも極秘のうちに核兵器を開発しています。

イスラエル自身は、核兵器に関して、コメントしないという政策をとっています。「核兵器を保有している」とも言明しないし、かといって、「持っていない」とも言わない、という方針です。

しかし実際には、一九七三年の第四次中東戦争でイスラエルが奇襲攻撃を受け、緒戦で苦戦した際、イスラエル軍は、核兵器を積んだ戦闘機を基地に待機させました。国家が滅亡の危機に瀕《ひん》した場合、核兵器を使用する決意を示したのです。

また、湾岸戦争のとき、イラクはイスラエルに対して、たびたびスカッド・ミサイルを撃ち込みました。このときもイスラエルは、核兵器を積んだ戦闘機を基地に待機させました。もしミサイルに化学兵器が搭載してあって、イスラエル国民に多大な被害が出た際は、核兵器でイラクに報復するつもりだったのです。イラクのミサイルには通常の火薬しか積んでいなかったので、イスラエルは報復に踏み切りませんでしたが、アメリカは、国際政治の裏舞台で、必死になってイスラエルに対し、報復をしないように説得していました。

ミサイル開発を恐れるアメリカ

アメリカは、他国のミサイル開発にも神経を尖《とが》らせています。

きっかけのひとつとなったのが、一九九八年に北朝鮮が実施した「テポドン」の発射実験です。発射されたミサイルは、日本列島上空を飛び越えて、三陸沖の太平洋に落下しました。

今後ミサイルがさらに性能を向上させれば、アメリカにとって十分脅威となってきます。

ブッシュ政権時代、アメリカは、北朝鮮、当時のリビア、イラン、イラクなどの国を「ならず者国家」と名づけ、それらの国が開発を進めているミサイルに警戒を強めていました。

こうした国から弾道ミサイルが飛来しても、アメリカ本土に落下する前に撃ち落とすシステムの研究・開発が進められました。

ところが、外国からの弾道ミサイルを撃ち落とすシステムを配備すると、これは旧ソ連（現ロシア）と結んだ「ＡＢＭ制限条約」に違反することになります。

先に述べたように、この条約は、互いに相手の国からの弾道ミサイルが撃ち落とせないようにすると約束するものだったからです。

そこでブッシュ政権は、この条約の破棄をロシアに通告。二〇〇二年六月、条約は失効しました。

ブッシュ政権は、アメリカが撃ち落とそうとしているのは、あくまで、「ならず者国家」から飛んでくるミサイルであり、ロシアや中国を対象にしたものではない、と説明しました。

しかし、ロシアや中国は、これを真に受けるほどお人好しではありません。結果的にアメリカがどんなミサイルも撃ち落とせる能力を身につければ、報復攻撃を恐れずに先制攻撃する可能性が出てくるからです。

拡散する核物質

　核兵器を削減するということは、一方で大量の核分裂物質が出てくるということでもあります。

　核兵器を解体すると、それだけ大量のプルトニウムやウランが出てくるからです。これをどう安全に管理するか。保管中に紛失、あるいは盗難にあう恐れもありますし、長期間安全に管理するには大量な資金が必要とされます。経済状態が悪いロシアには、それだけの十分な資金がなかったのです。

　二〇〇二年六月に開かれたサミット（主要国首脳会議）は、ロシアの核兵器を処理するために、今後一〇年で総額二百億ドル（当時の円レートで二兆四〇〇〇億円）を支援することを決めました。ロシアの資金不足を、ほかの国々が補おうというわけです。

　ところが二〇〇二年一一月、ロシアのユーリー・ビシネフスキー国家原子力監視局長官のモスクワでの記者会見は、恐ろしいものでした。国内の核施設で過去一〇年間に、核兵器の材料となるウランの紛失事件が複数回発生していたことを初めて認めたのです。「紛失した量はきわめて少量で核兵器を製造できるだけの量ではない」とも付け加えたのですが、核兵器の材料が、国外のテロリストの手に渡る危険性が現実のものになりつつあるのです。

また、核兵器の削減が進められることで、ソ連時代に核兵器の開発・製造に携わっていた数万人の科学者、技術者が職を失っています。こうした中には、生活のために、核兵器の開発を進めたい国に高給で引き抜かれた人もいます。この点でも、核の拡散の恐れがあるのです。

「原爆の父」の後悔

アメリカで原爆開発の陣頭指揮をとり、「原爆の父」と呼ばれたロバート・オッペンハイマーは、こう語っています。

「核爆発の今後について、私が多少とも心にかけていることは唯一つ、それを戦争に使ってはならぬ、ということであります。近年われわれが経験したような大きな全体戦争が起ったとすれば、原爆が使われることは絶対間違いありません。このような戦争を二度と繰り返してはならぬというのは、かけがえのない将来へ向けた希望であります」

（オッペンハイマー著、美作太郎／矢島敬二訳『原子力は誰のものか』）

戦争が生み出した原子力。その凄《すさ》まじいエネルギーによって、兵器開発が進められました。その結果、私たちは、「核兵器と共存」せざるをえない状況におかれてきました。この状況があまりにも長い間続いてきたので、私たちは、ことさら恐怖に怯えることなく暮らしてきました。しかし、実は「恐怖との共存」を余儀なくさせられているのです。

第4講

原子力の平和利用へ

「平和のための原子力」を提唱

一九五三年一二月八日、アメリカのアイゼンハワー大統領は、国連本部で開かれた原子力の平和利用に関する総会で演説を行い、新機軸を打ち出します。水爆実験で、ソ連に追いつかれて四か月後のことでした。

「Atoms for Peace」と題された演説で、大統領は、「わが国は、破壊的でなく、建設的でありたいと望んでいる。国家間の戦争ではなく、合意を欲している」と、アメリカが戦争でなく平和を望んでいることを世界にアピールしました。

原子力を戦争の兵器として使った国の大統領が、一転して平和利用を呼びかけたのです。

演説の骨子を簡単にまとめると、原子力、核、ウランなど核保有国が持っている情報は、一か所に集めてしまおうというものです。それぞれ勝手に持っているから戦争の火種になる。いっそのこと、武器をテーブルに出すように、一か所に集めてしまおう。そして、それを国際機関が管理することにしようということです。

「現在、いくつかの国によって、所有されている知識は、最終的に他の国々、おそらくはすべての国々に共有されると考えることである」

そのためには、国際原子力機関をつくる。その機関がすべて一括管理することによって、核技術、原子力技術がこれ以上世界中に拡散することを防ごうというのです。

その一方、原子力を平和利用したいと望んでいる国に対しては、どこの国でも、アメリカが技術を供与する、売ることもする、という方針を打ち出しました。

当時は、東西冷戦の中で、アメリカもソ連も核開発に必死になっていました。核技術を獲得したソ連は、今後、ソ連の同盟国である中国や東欧の国々にも核技術を伝えていくことだろう。アメリカとしては、敵側がアメリカをしのぐ核技術を持つことを防ぐために、国際機関をつくり、ここで一括して拡散を防ぐ。提唱者の立場で、アメリカがその場を牛耳ることができれば、世界の国々の核の情報をすべて握ることもできる。

「Atoms for Peace」は、「平和のための原子力」というふれこみですが、本音でいえば、アメリカがすべての原子力技術を一括して管理する世界体制をつくろうということだったのです。

日本は、これを大歓迎しました。根っからのお人好しの日本ですから、「核兵器を兵士たちの手から取り上げることだけでは十分といえない。そうした兵器は、核の軍事用の包装をはぎとり、平和のために利用する術を知る人々に託されねばならない」というくだりに気をとられて、裏の狙いをくみとれなかったのかもしれません。

アイゼンハワーの演説は、全世界に向けられたものでしたが、同時にアメリカ国内の世論に訴えかける目的もありました。それは、軍産複合体の問題と深く関わっています。「マンハッタン計画」は、莫大な資金がつぎ込まれて巨大化したプロジェクトでしたから、大戦が終わっても、おいそれと解体することはできません。その一方で、風向きはあきらかに変わってきていました。原爆も水爆もソ連に追いつかれ、国民はいまだに安眠することができない。ただの浪費だったのではないか。アメリカの世論の反応は厳しくなっていました。

一九五三年一月に大統領に就任したばかりのアイゼンハワーにとって、世論の逆風をかわす次の一手を打ち出すことが迫られていたのです。それをいっぺんに解決してしまう手立てが、原子力の平和利用だった。そんな見方もできるのです。

演説の翌年、アイゼンハワー大統領は、ビジネス色をより鮮明にさせていきます。アメリカと二国間協定を結べば、核物質から核技術まで、すべて提供しましょう、売りましょうというのです。つまり、これを商取引にしようというわけです。原子力ビジネスの方向に方針を切りかえたのです。

すべての核技術を機密扱いとし、技術を独占していたアメリカにとって、これは大転換でした。これまでの出費も収益に変えることができ、今後のビジネスにもなる。一石二鳥の戦略でした。

これにより、日本への原子力発電導入へのシナリオが整えられていったのです。

世界も「夢」に沸き立った

一九五五年八月、スイスのジュネーブで、原子力平和利用国際会議が開催されました。ソ連の科学者も含め、世界から一五〇〇人の学者たちが集結しました。参加者たちは、「原子力の平和利用」の夢に沸き立っていました。

アメリカの原子力委員会の代表は、こう夢を語りました。

「我々の子どもたちが、メーターが不要なほど安価な電気エネルギーを享受できるのもあながち夢ではありません……海上や海中を、あるいは空の上を軽々と安全に、そして猛スピードで移動できるようになるでしょう」

原子力を宣伝したメディア

日本が原子力の平和利用の第一歩を踏み出すにあたって、政府にとって最大の難問とみなされていたのは、世界初の被爆国の国民の原子力に対する反発と恐怖でした。

それをいかにぬぐい去ることができるかが、最初の課題となりました。

庶民感情はもちろんのこと、再軍備や核兵器に反対する勢力も力を持っていましたから、ひとつ道を誤れば、大問題になりかねません。日本に反米政権が生まれることに神経を尖らせていたアメリカも事情は同じです。

手はじめに選ばれたのが、メディアを利用した宣伝活動でした。国民に原子力平和利用への理解を促すことこそが、最も早道と考えられたのです。

その先頭に立ったのが、読売新聞社でした。

一九二四年、当時は弱小新聞だった読売新聞社を買い取って社長となった正力松太《しょうりきまつた》郎《ろう》という人物がいます。聞き覚えのない名前かもしれませんが、球界に今もある「正力賞」に、彼の名が残っています。彼は後に「原子力の父」と呼ばれるほど、日本の原発導入においてのキー・パーソンとして、力をふるった人物でした。

東京帝国大学（現在の東京大学）を卒業して警視庁に入り、警察署長などを歴任します。彼は将来の夢は総理大臣と公言し、警察官僚から新聞社とテレビ局の社長、プロ野球球団オーナーから、衆議院議員と、権力の階段を昇りつめていった野心満々の人物でした。戦前は、内務省情報局にもいた彼は、「世論操作」にも長《た》けた人物でした。

正力は、買い取ったとき、発行部数わずか五万五〇〇〇部だった読売新聞を、一九五四年には、二七四万五〇〇〇部に押し上げます。

一九五五年二月、彼は郷里である富山県の衆議院富山二区で立候補して、当選します。このときのスローガンに、彼は「原子力の平和利用」を掲げています。

議員当選後は、「原子力平和利用懇談会」の代表世話人になり、一九五六年一月には、新設された原子力委員会の初代委員長となります。衆議院議員から総理大臣へという野望のために、「原子力の平和利用」を使ったともいえます。「原子力の父」という伝説はここから生まれたのです。

正力はその部数を背景に、一九五四年元日から、読売新聞で、「ついに太陽をとらえた」という大型連載をスタートさせます。

「私はウラニウム」と始まるその記事は、原子力は平和利用できる、そのエネルギーを使えば地上に太陽をつくり出すこともできる、それによって、人類は無限のエネルギーを手にしたのだと謳《うた》いあげたのです。

敗戦からわずか九年。情報もなく、原子爆弾という負の面からしか原子力を見ていなかった日本人にとって、原子力エネルギーこそが、復興の救世主となるという主張は新鮮で、むさぼるように読まれたといいます。知識が乏しいこの時代、この連載によって、生まれて初めて、原子力を知ったという人々も多かったのです。

ところが、連載も終わり、アイゼンハワーが行った「Atoms for Peace」演説から三か月もたたない時期に、日本の世論を揺るがすニュースが世界をかけめぐります。それが「第五福竜丸事件」です。

第五福竜丸の衝撃

一九五四年三月一日の明け方、南太平洋のビキニ環礁から東に一六〇キロも離れた場所でマグロ漁をしていた日本の遠洋マグロ漁船「第五福竜丸」（静岡県焼津《やいづ》港所属）の乗組員たちは、西の海上に〃太陽〃が上がるのを見ます。しばらくして爆音も聞こえてきました。やがて空から白いものが大量に降ってきます。「雪が降ってきた」と声を出す人もいました。中には、白い灰を手にとってなめてみる人もいました。

〃太陽〃は、アメリカがビキニ環礁で行った水爆実験の閃光でした。白い粉は、サンゴ礁が水爆で吹き飛ばされた破片でした。まさに「死の灰」でした。

アイゼンハワーの「平和利用」宣言の陰で、アメリカは核実験を続行していたのです。

核実験に先立って、アメリカは「立ち入り禁止区域」を設定していました。「第五福竜丸」は、それよりはるかに外側で漁をしていました。水爆の爆発力はアメリカの予想を超え、はるか遠くまで、爆発物を吹き飛ばしたのです。

「第五福竜丸」の乗組員二三人は、まもなく頭痛や嘔吐《おうと》や下痢に苦しんだり、灰をかぶった皮膚にやけどのような症状が出始めたりします。

被曝から2週間、長い旅路を終えて、焼津港に帰還した「第五福竜丸」

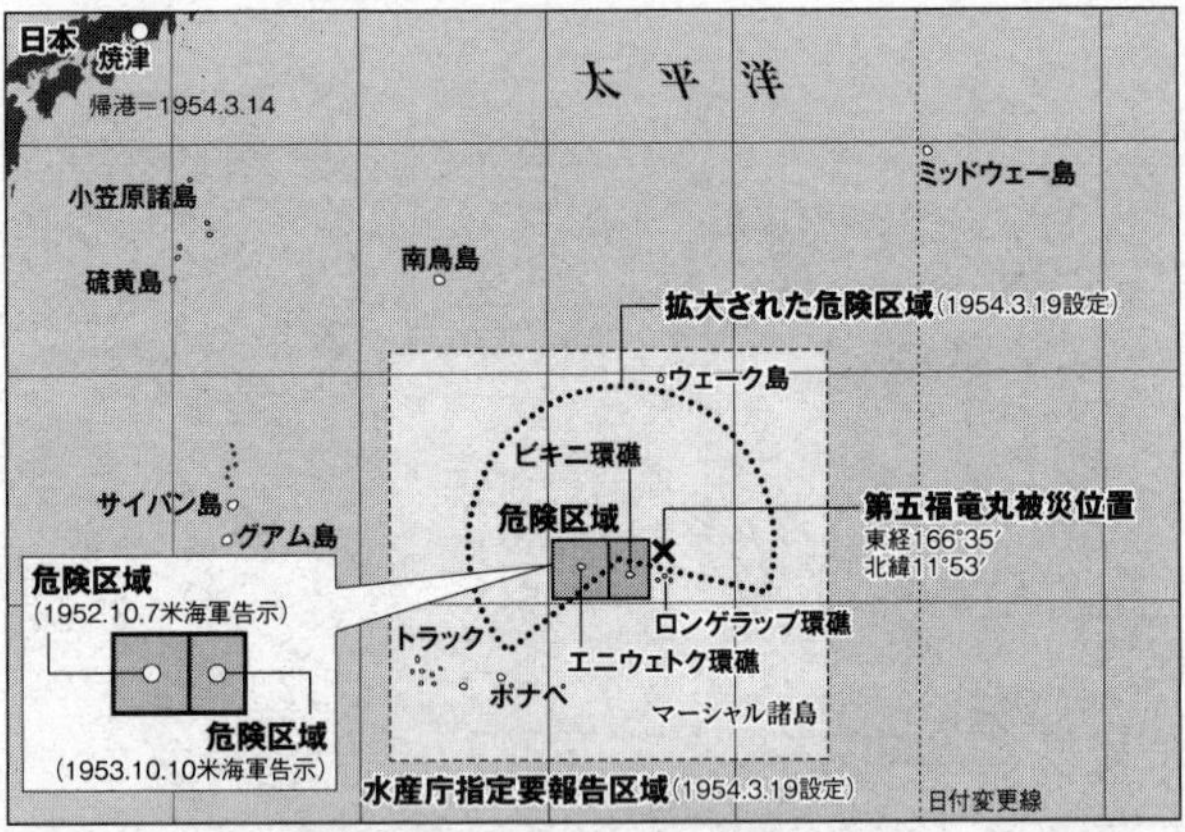

第五福竜丸が被災した位置
（『第五福竜丸ものがたり』第五福竜丸平和協会をもとに作成）

被曝の被害にあったのは、「第五福竜丸」の乗組員だけではありませんでした。ビキニ環礁から東へ一九〇キロのところにあるロンゲラップ島にも白い灰が降り、住民が灰を浴びました。ここの住人は、もともとはビキニ環礁に住んでいた人たちですが、アメリカ軍が実験場に使いたいと住民を説得し、ロンゲラップ島に移住させられていました。この住民たちは、水爆実験の被曝により、さらにロンゲラップ島からも離れることになります。島はいまも放射能で汚染されています。

パニックが日本を襲った

第五福竜丸は、二週間後の三月一四日に、静岡の焼津港に戻ってきますが、乗組員はいわゆる急性放射線障害の症状を起こしていました。髪の毛が抜け、体調が悪化するという症状で、乗組員は、みな入院します。

この事実を、読売新聞焼津通信部の記者が知り、本社に連絡。電話を受けた記者は、「ついに太陽をとらえた」の連載を担当していたことから、事態の意味を察知しました。国際的な特ダネとなりました。

読売新聞焼津通信部の記者に知らせたのは、下宿先のおばさんでした。「焼津の船がピカドンにあって、みんなやけどしている」というものでした。下宿先のおばさんの息子が工業高校の生徒で、読売新聞の連載を読んでいたことから、「これは放射能ではないか」と考え、母親を促して読売新聞の記者に知らせたのです。読売の連載があったからこそ、世界に知られるようになったのでした。

被曝の事実が報道されると、日本中が騒然となります。漁船が持ち帰ったマグロからは、高い濃度の放射線が検出され、すべて廃棄処分になりました。さらに、核実験場近くの南太平洋で漁をしていた他の漁船が持ち帰った魚を調べたところ、やはり放射線が検出されたものが相次いだのです。「放射能マグロ」と呼ばれ、全部廃棄処分されましたが、結果、日本中で魚が売れなくなりました。パニックが日本列島を襲ったのです。まさしく「風評被害」でした。

一九五四年九月、なかでも重症であった無線長の久保山愛吉《くぼやまあいきち》さん（当時四〇歳）が、入院六か月で亡くなります。彼のもとには、容態を案じた激励の手紙が日本全国から寄せられていました。ところが、アメリカ側は、その死因について、急性放射線障害ではなく、治療のときの輸血によって肝炎を発症し、輸血性肝炎によって亡くなったという公式見解をとります。

「原水爆の被害者は、私を最後にして欲しい」という久保山さんの最期の言葉が伝えられるや、国民の怒りは頂点に達しました。

広島、長崎に次いで、またも日本人が被害にあったことで、怒りの渦が巻き起ったのです。

原水爆禁止を求める運動始まる

「核兵器をなくし、核実験をやめさせなければならない」という世論が盛り上がる中、一九五四年五月、東京都杉並区の主婦たちが、「水爆禁止署名運動杉並協議会」をつくり、原水爆禁止を求める署名運動を始めました。主婦たちは、新聞の投書欄で知り合った女性たちで、それまで社会運動をしたこともない一般市民たちでした。

この運動はまたたく間に全国に広がり、翌年八月までに署名は三〇〇〇万人を突破しました。この署名運動に取り組んだ人々や組織が中心になって、一九五五年八月六日、

「第一回原水爆禁止世界大会」が、広島市の広島市公会堂で開催されました。

四六都道府県（沖縄はまだ日本に復帰していなかった）の代表をはじめ、海外からも一四か国の五二人が参加。日本政府を代表して、鳩山一郎《はとやまいちろう》総理も出席しました。党派を超え、国民挙げての集会になったのです。

この大会をきっかけとして、翌年九月一九日、「原水爆禁止日本協議会」（原水協）が結成されました。これ以降、毎年夏になると、世界各国の代表も参加して、原水爆禁止を求める世界大会が開かれるようになったのです。

コラム　放置されていた「第五福竜丸」

第五福竜丸は、その後、政府が買い上げ、残留放射能などの研究材料となった後は、千葉県の館山港に運ばれ、国立の東京水産大学（現在の東京海洋大学）の練習船「はやぶさ」になります。

その後の行方は不明でしたが、一九六七年、「夢の島」として知られた東京湾第14号埋立地に捨てられているのが見つかります。これがＮＨＫで紹介されると、保存運動が盛り上がり、一九七六年六月、都立の「第五福竜丸展示館」で保存されるようになりました。

ちなみに、第五福竜丸が見つかった一九六七年、東京電力福島第一原子力発電所の建設が始まっています。

展示された第五福竜丸の舵

「第五福竜丸」事件を知って、アメリカ広報庁のルイス・シュミットは、「これで、せっかく積み重ねてきた努力も水泡に帰した」と語ったといわれます。

一方、新聞では重症の乗組員の写真に、「原子力を平和に」という見出しがつけられたように、事件があっても、原子力平和利用の道は後戻りできないという論調も徐々に浸透してきていたのです。

第五福竜丸の舵

読売新聞は、「第五福竜丸」事件から五か月後の一九五四年八月、一一日間にわたって、「だれにでもわかる原子力展」を新宿の伊勢丹デパートで開催します。原子力の平和利用は必要なのだということを再び訴えるものでした。

驚くべきことに、その展示の目玉にされたのは、「第五福竜丸」の「舵《かじ》」でした。さすがに船体をそのまま持ってくるわけにはいかず、舵を取り外し、会場に持ち込んだのです。舵も死の灰を浴びているはずです。いまから思えば、除染はしていたのだろうか、もし調べたら放射線が出ていたのではと思ってしまいますが、百貨店に展示され、大勢の人たちが見に来ました。

マイナス・イメージの象徴であるはずの被曝船を、平和利用のキャンペーンに使ってしまう。その戦略のしたたかさには驚かされます。これも正力の手腕ならではといわれています。

推進を目指す側の巻き返しは、それだけにとどまりません。

一九五五年の一一月から一二月までの六週間、読売新聞社とアメリカ広報庁の共催で「原子力平和利用博覧会」が日比谷公園で開催されます。

このとき、圧倒的な人気を呼んだのは、「マジック・ハンド」でした。若い女性がマジック・ハンドで、ガラスの向こう側にある原子炉の部品を操作する様子を実演して見せたのです。ロボットの腕のようなアームが動いて、ものを動かすことができる。要するに、危険な核物質も原子炉の機械もこのマジック・ハンドで扱えば安全だという展示でした。

日比谷での博覧会には、三六万人の人々が足を運びました。これをさらに、読売新聞系列の日本テレビが大々的に放送します。いまでいうメディア・ミックスで報じられたのです。原子力の平和利用は、これほど素晴らしいという強力な世論操作でした。

原子力平和利用博覧会で、最も人気を集めた「マジック・ハンド」

しかし、アメリカ広報庁は、これだけで満足しませんでした。読売新聞以外の新聞社も、この盛況に食指を動かしました。全国各地で、地元の新聞社との共催で博覧会が実施されるのです。

まず読売新聞のライバル・朝日新聞が動き、京都と大阪では朝日新聞社とアメリカ広報庁との共催で実施されます。結局、この博覧会は、名古屋、京都、大阪、広島、福岡、札幌、仙台と全国各地を巡回し、総計二六〇万人の入場者を集めました。博覧会は、それぞれ地元の新聞と共催で行われました。

被爆地広島でも、地元紙・中国新聞社と共催しました。このときの開催場所は、なんと、「平和記念資料館」でした。被爆一〇周年を期して開館したばかりの館内に博覧会が持ち込まれたのです。

会期中の二二日間、原爆の悲惨さを伝える被爆者の遺品や熱線で焼かれた瓦などの写真といった資料展示物は一切撤去され、別の所に保管されました。

当時の広島市長は、開会の挨拶で、「広島では、原子力の平和的利用について、多くの疑問と不安を持っているが、この催しを機会に平和利用への理解と評価が高まることと信じている」と述べています。

市長がそんな発言をするように、原爆は原爆、原子力の平和利用は平和利用、まったく別のものである。アメリカはその原子力の平和利用の技術を持っている。アメリカと一緒になって、夢のエネルギーを得ようじゃないかという意識が浸透しつつあった様子がうかがえます。

読売新聞の連載は一九五四年からでしたが、朝日新聞も一九五五年の八月六日、つまり原爆投下から一〇年後のその日から「原子雲を越えて」という連載を始めます。その最終回では、大陸間の旅行には、大気圏外を飛ぶ原子力ロケットが全盛となる。人間は日に二時間も働けばよいと、バラ色の夢の世界を描き出しています。

この年の新聞週間の標語は、「新聞は世界平和の原子力」でした。

新聞には世界平和を実現する原子力のような力があるという自負から生まれた標語だったのでしょう。

いまにして思えば、当時、日本の人たちが描いた夢のシンボルは、手塚治虫《てづかおさむ》が、一九五一年に生んだ『鉄腕アトム』だったのではないでしょうか。人間の心を持っていながら、小型の原子炉によって動く、その名もアトム。妹はウランですから、当時の人々が描いた夢とぴったりだったのです。

プロ野球のヤクルト・スワローズは、かつて一時「産経アトムズ」という名前でした。この事実ひとつとっても、アトムやウラン、原子力という言葉が、当時、日本国内できわめて肯定的にとらえられていたということがわかります。

原爆であれだけ大きな被害を受けたけれども、あのエネルギーをうまく使えば、明るい未来があるというふうに、多くの日本人が思ったわけです。

それは一方、対日戦略の中で、反米意識を抑えようとして、アメリカが実施した平和利用のキャンペーンが功を奏したという言い方もできるかもしれません。それがどれだけの効果があったかはわかりませんが、結果として多くの日本人が、原子力に対する夢を抱いたことは事実なのです。

一九五四年から一九五五年にかけて、原子力に対する日本社会の意識は、短期間に劇的に変化したのです。

第5講

日本は原発を導入した

原子力予算がついた

アメリカが打ち出した「Atoms for Peace」に、日本側からいち早く呼応して動き出した政治家が登場します。後に総理大臣として知られる中曽根康弘《なかそねやすひろ》。当時三六歳の若手政治家でした。

太平洋戦争中、海軍将校だった中曽根は、戦争に負け、アメリカの占領下に置かれた日本の状況を憂い、独立国家への復活を目指して国会議員になっていました。

当時、日本国内では、科学者たちが、原子力研究を進めようと動き出していました。戦争前から原子力に関する研究が細々と続けられてきた日本の学界では、戦後、原子力の平和利用に関する研究を進めるべきだとの世論が生まれていたのです。

一九五二年一〇月、学者たちの集まりである日本学術会議総会で、副会長であった茅誠司《かやせいじ》東大教授が、原子力問題を検討する調査機関の設置を政府に勧告するように提案します。この段階では、あくまでも学者レベルでの話だったのです。ところが、ことは予測できなかった展開をみせます。

原発導入に政治力をふるった政治家、中曽根康弘
（右は、IAEAのコール事務局長。1959年）

　突然、一九五四年度予算で、莫大な原子力研究予算が国会で認められたのです。学者たちは仰天しました。仕掛けたのが、中曽根でした。

　当時の保守勢力は、いくつにも分かれ、最大勢力の自由党だけでは衆議院で過半数を制することができず、改進党の協力が必要でした。中曽根は改進党所属で、自由党の足元をみて、原子力予算を認めるように自由党に迫ったのです。予算委員会の筆頭理事だった立場を活用しました。取引は成立。原子力予算を組み込んだ予算の修正案があっという間に衆議院を通過したのです。

　原子力予算（原子炉築造費）は二億三五〇〇万円でした。このときの一般会計の当初予算の総額は六三三三億円でしたから、いまの予算規模に直すと、三三四億円にも匹敵する巨額予算でした。なぜ、二億三五〇〇万円だったのか。中曽根は、こう説明しています。

「二億三千五百万円という数字ですが、国会でも質問されました。どういう根拠なのか、と。これは濃縮ウラン、ウラン235の二三五です。国会では爆笑を誘いましたが、基礎研究開始のための調査費、体制整備の費用、研究計画の策定費の積み上げが、この数字に近かったというのが真相です」（中曽根康弘『自省録』）

この点について、二〇一二年二月、私は改めて中曽根に問いかけました。このエピソードは本当かと。答えは、「積算していくと、これに近い数字になったので、それならいっそのこと二三五にしてしまおう、ということになった」とのことでした。

なんともおおらかな時代だったというべきでしょうか。多くの国会議員に原子力の知識がない中で、この予算が通ったことがわかります。

中曽根は、なぜ原子力予算を通そうとしたのか。これについても問い質《と ただ》すと、「独立国家としてのエネルギー自給が必要であり、そのために原子力を開発する必要があった」という答えでした。

中曽根は、義父が地質学者で、日本でのウラン埋蔵の可能性や原爆製造に関して、ふだんから聞かされて知識を持っていたと言っています。その知識が、当時の国会議員としては異例の行動に出ることになったのでしょう。

中曽根は、アメリカが「平和のための原子力」を打ち出した一九五三年、アメリカに招待され、各地の原子力施設を視察しています。なぜ彼がアメリカに招待されたのか。彼に原子力開発を進めさせようと画策した組織なり存在がアメリカにあったはずですが、その点は中曽根の口からは明らかにされていません。

中曽根は、再軍備にも積極的だった保守政治家です。「平和利用」という名目で日本に原子力技術を入れておけば、将来それを使って核兵器を作る能力を持つことができる。実際に核武装をするかどうかは別として、核武装できる能力をつけておくことは、将来の日本にとって必要があるだろう。そんな深謀遠慮を持っていたとしても、不思議ではありません。

この点に関しても、私は問い質しましたが、「そんなことは考えていなかった。そういう発想が日本国内で生まれるのは、もっとずっと後だ」と答えています。

原子力研究の三原則

学者たちが要求もしていなかったのに、突如として、莫大な研究予算案が登場しました。学者たちは、進展のあまりの早さに驚き、懸念が広がります。

一九五四年三月、原子力の予算案をめぐる参議院の連合委員会で、物理学者の朝永振《ともながしん》一郎《いちろう》は、「日本には地震があるので、地震のときに、原子炉をそのままにして逃げることもできない。そういったことをこれから考えようとしている最中に、原子炉を造れと言ってお金を出してもらっても……」と当惑の思いを洩らすほどでした。

原子力予算がついたことで、日本学術会議は、後追いすることになります。一九五四年四月、「原子力研究の三原則」を打ち出しました。

三原則とは、「情報の完全な公開」「民主的な運営」「国民の自主性のある運営」です。原子力の技術については、思想信条を問わず公開して、民主的に研究を進め、外国から与えられた技術ではなく、自主的に技術を開発しようという方針です。これを受けて、一九五五年一二月、「原子力基本法」が成立しました。第二条は、次のように謳っています。

第二条　原子力利用は、平和の目的に限り、安全の確保を旨として、民主的な運営の下に、自主的にこれを行うものとし、その成果を公開し、進んで国際協力に資するものとする。

さらに一九五六年一月、政府に「原子力委員会」が設置されます。初代委員長は、かの正力松太郎でした。

1956年に設置された原子力委員会（正面中央に正力松太郎委員長）

それより前の一九五五年一一月には、「日米原子力協定」が調印され、日本はアメリカから濃縮ウランの無償供与を受けることになります。法律や行政の整備より、日米協力が先を行っていたのです。

当時、アメリカが日本への濃縮ウランの供与を急いだ背景には、被爆国として原子力に対する反発が強い日本に、一刻も早く、原子力平和利用の立場に立ってもらおうとの戦略がありました。アメリカは、日本の世論の動向を見守りながら、時期を図っていたのです。いずれ、日本もアメリカの技術を買ってくれるようになる。そうしたビジネスとしての戦略から、無償供与が行われたのです。

原子力研究・開発は二元化

一九五六年一月には、日本初のノーベル賞を受賞した湯川秀樹《ゆかわひでき》も参加して、原子力委員会の初会合が開かれますが、そこで正力はいきなり、「五年以内に採算のとれる原子力発電所を建設したい」と一方的にぶちあげます。

原発の安全性をめぐって慎重姿勢をとる科学者たちは不信感を募らせました。湯川秀樹も、後輩である坂田昌一《さかたしょういち》（名古屋大学教授）が「議論が密室だ」と抗議して辞任した一年後に「原子力委員会」を去っています。

学者たちの懸念をよそに、研究が進められることになりました。

供与された濃縮ウランの受け入れ先としてつくられたのが、一九五六年発足の「日本原子力研究所」（通称・原研）でした。最初は財団法人でしたが、後に、科学技術庁の傘下の特殊法人になります。ここが、日本の原子力行政の中枢を担う事務局になります。

一方、電力業界は、民間主体の組織が原子力発電を進める方針を打ち出し、国が主体となるべきだとの意見と対立。結局、両者の意見を足して二で割る形で、一九五七年一一月、「日本原子力発電株式会社」（通称・原電）が誕生します。政府が二割、民間が八割出資で、民営に近いものでした。

そして、原子力の技術は科学技術庁（科技庁。現在は文部科学省）が、原子力ビジネスは通産省（現在の経済産業省）が管轄するという形の二元化で、原子力の研究開発が進められていくことになります。

常に役人の世界は縦割り行政。原子力に関しても、科学技術庁と通産省が譲らず、二元化という効率の悪い方法がとられることになりました。推進側が二元となると、安全審査や安全管理なども、曖昧なことになっていきます。

莫大な予算がついて原子力研究が始まったわけですから、人材育成も必要です。一九五八年度から、全国の大学、あるいは大学院に、原子力関係の学部や大学院の講座が次々に設置されていきます。

一番早いのは京都大学で、一九五八年度に原子核工学科がつくられます。大学院レベルは、学部よりさらに早い前の年、一九五七年度に京都大学と大阪大学、東京工業大学に原子力工学に関するコースが設置されます。東京大学はそれより遅れ、一九六〇年度になって、工学部に原子力工学科が設置され、一九六四年度に大学院にコースが設置されました。ここを卒業した人たちが、次々に電力会社や原子力産業に就職し、原子力発電所の建設、運転に携わるようになるのです。

産業界としても、三菱、日立、東芝などが「日本原子力産業会議」をつくり、三菱はウェスチングハウス（ＷＨ）、東芝と日立はゼネラル・エレクトリック（ＧＥ）というように、それぞれ業務協定を結んで、原子力産業に乗り出すことになります。

大学の原子力や原子力工学コースを卒業して、原子力産業に就職する。狭い専門分野で職業生活を続ける人たちの集団は、やがて「原子力村」と揶揄《やゆ》され、視野の狭さや独善性、閉鎖性が批判されるようになっていきます。

原研は、茨城県東海村に原子炉をつくりました。GEから導入した原子炉で、一九六三年一〇月、発電に成功しました。これが、日本最初の原子力発電となります。原子炉が臨界に達したとき、新聞は、「原子の火がともった」と、大きく見出しをつけました。当時の期待感がわかります。

一方、原電は、それから遅れること三年、一九六六年に、イギリス製の原子炉を使って、やはり東海村で運転を開始します。

二つの組織が、別々の方式で原発を建設する。ここに二元化の無駄がみられます。ところが、いざ操業となったところで、原電が導入したイギリスの原子炉はトラブル続きで使えないことがわかり、以後アメリカの原子炉が採用されることになります。

採用した原子炉も二元化

アメリカの原子炉には、加圧水型（ＰＷＲ）と、沸騰水型（ＢＷＲ）の二種類があり

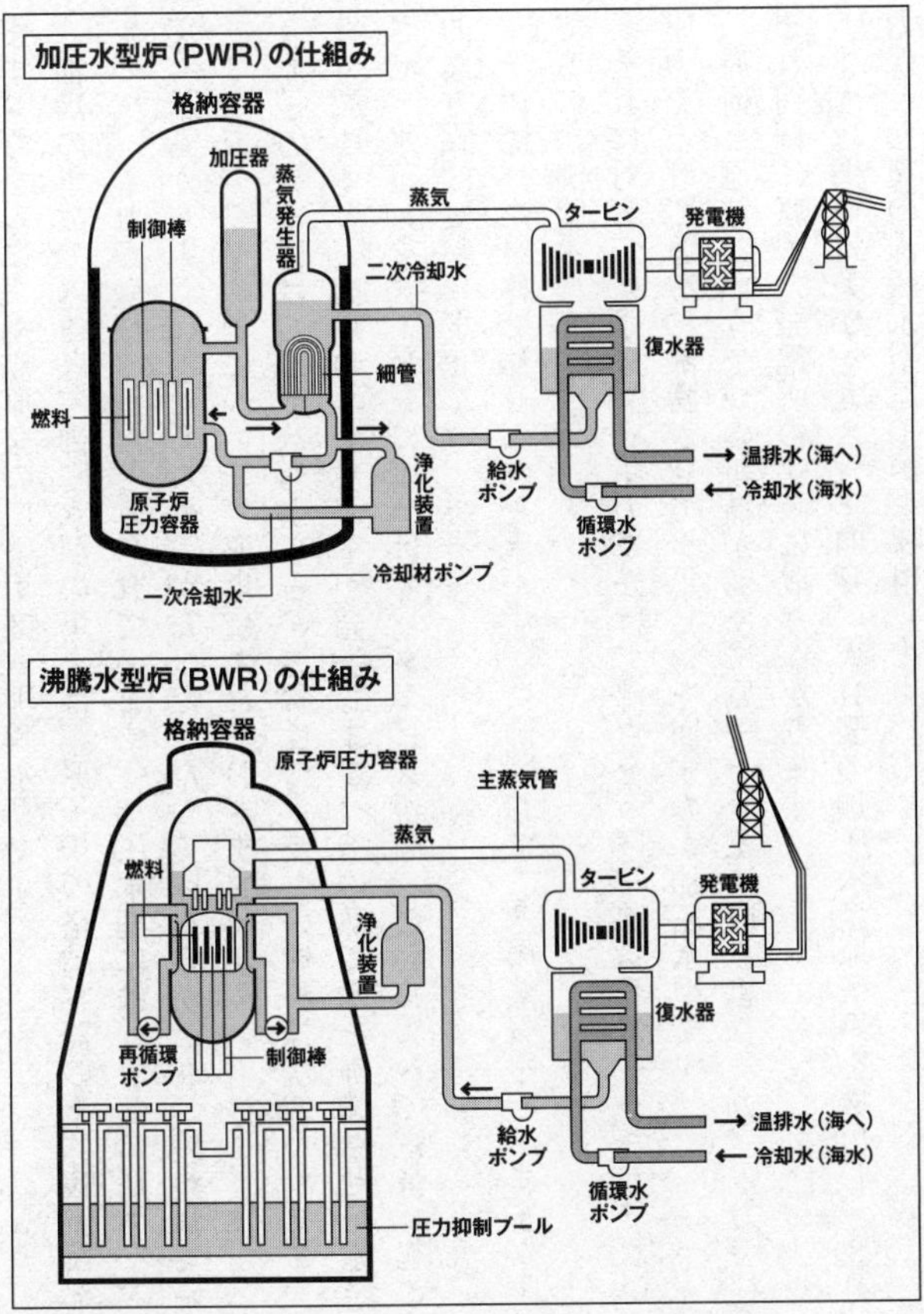

(『原子力・核問題ハンドブック』七つ森書館をもとに作成)

ます。ちなみに、福島原発の原子炉は、沸騰水型です。

福島の事故でみると、沸騰水型の場合は、原子炉の格納容器の下に複雑な部品が入っていて、これが破壊されたとみられています。加圧水型には、下部に部品などがないので、構造からみれば、こちらの方が安全だったのではないかとも、いわれているのです。

ここで、二つの型について、簡単にふれておきます。

原子力発電には、濃度八％から一〇％程度のウランの燃料棒が使われます。燃料棒が核分裂すると、高熱のエネルギーが発生します。その熱で水を沸騰させて水蒸気を発生させ、水蒸気をタービンにぶつけて、タービンが回ることによって電気を起こす。基本的な方式は変わりません。

その際、燃料棒で熱せられた水がすぐに沸騰して、その蒸気をそのままタービンに当てるのが沸騰水型です。

それに対して、水に高い圧力をかけて沸点を下げ、沸騰しにくくさせておいた後で、圧力を下げて急激に沸騰させてタービンを回すのが加圧水型です。

原研と原電という二つの組織が別々に原子力発電に取り組む一方、電力会社も、それぞれ別個に原子力発電所の建設に取りかかります。

まずは関西電力が一九六六年四月、ＷＨ製の加圧水型原子炉を採用し、翌月、東京電力がＧＥ製の沸騰水型原子炉を採用します。

関西電力は、従来から三菱グループとの付き合いがあり、三菱がＷＨと協定を結んでいたので、加圧水型を採用。東京電力は東芝、日立との関係が深かったので、ＧＥの沸騰水型を選んだのです。

日頃から付き合いのある企業系列に発注する。これも非常に日本的でした。

その後、他の七つの電力会社は、加圧水型が北海道電力、四国電力、九州電力、沸騰水型が東北電力、中部電力、北陸電力、中国電力と分かれます。なぜ、こうなったのか。科学技術史が専門の吉岡《よしおか》斉《ひとし》は、こう指摘します。

「注目してほしいのは、二つの炉型の基数が拮抗《きっこう》している点である。こうした結果となった背景には、通産省が産業政策的見地から電力業界に要請して、二つの企業系列にほぼ平等に仕事が割りあてられるように、九電力会社をＰＷＲ採用会社グループとＢＷＲ採用会社グループに分割させたという事情があったと推定される」（『新版　原子力の社会史』）

これではまるで官製談合です。あるいは、過去の銀行業界の護送船団方式を想起させます。みんなで仲良く利益を分け合う。これが原子力村の作法でした。

こうして、電力会社はそれぞれ別個に、原子力発電所をつくっていくことになり、気がついてみたら、全国に五四基もの原子力発電所がつくられていたのです。

どこにつくるか、誘致問題

原子力発電所をいったいどこにつくるか？　どうすれば、住民たちの納得が得られるのか？　それは大きな問題でした。

そこで生まれたのが、「電源三法」という法律です。電源開発が行われる地域に対して補助金を交付して、建設を促そうという法律です。ありていにいうなら、原子力発電所を受け入れるならば、その地域には補助金が出るという仕組みです。

それが、一九七四年六月、田中角栄《たなかかくえい》首相、中曽根通産相の時代に国会を通過したのです。これは「電源開発促進税法」「電源開発促進対策特別会計法」「発電用施設周辺地域整備法」の三つの法律でした。

この考え方は、道路特定財源の場合と同じです。道路が必要ならば、ガソリンに税金をかけて、道路をつくることだけに使う。それと同じやり方で、電力会社に特別の税金をかける。その税金は、私たちが使う電気料金に上乗せされる。そのお金は周辺地域整備法にもとづいて、発電所を受け入れた地元自治体に対して交付金という形で払い込まれるという仕組みです。

たとえば電源開発促進税法は、電力会社から販売電力量に応じて電源開発促進税を徴収（一〇〇〇キロワット／時につき八五円）し、それを電源開発促進対策特別会計の予算として、電源立地促進のための種々の交付金、補助金などとして周辺自治体に交付する仕組みです。

火力や水力の発電所に関しても交付金が出ましたが、原発は、火力や水力の二倍以上が出ました。財政難に苦しむ過疎の自治体にとっては、魅力的なアメでした。

これによって、原発を受け入れた地元自治体には、「箱もの」といわれる体育館から公民館まで、施設がたくさんつくられていったのです。

過疎地に立地進む

原発が導入される候補地となるのは、そもそも過疎地ですから、若い人の働き場所がありません。みんな都会に働きに出てしまいます。原発ができれば、とりあえず雇用が生まれ、地元に働き場所ができます。

得られる仕事というと、肉体労働だったり、あるいは原子炉の点検や掃除という危険な仕事だったりもするのですが、雇用が生まれることによって、働く人のための飲食店などができるという形で地域が活性化することが期待できます。この仕組みによって、

(『原子力・核問題ハンドブック』七つ森書館をもとに作成)

原発を受け入れる市町村が出てくるようになりました。やがて、多くの地域が原発を受け入れるようになっていきます。

地図を見ればわかるように、福井県、新潟県、青森県、そして福島県、こういった地域に原発が集中しています。

原発建設をめぐっては、反対派も存在します。建設までは賛成派と反対派の激しい対立も生じます。しかし、いったん原発が建設されると、反対派は地元で「許容」されるようになるというのです。福島県出身で社会学者の開沼博《かいぬまひろし》は、こう書きます。

「反対派住民は『許容』される。ここでの『許容』とは（1）もはやただの『変わり者』にすぎず別に普通に近所にいる分にはたいした害がない。別に反感・嫌悪感を抱かれる対象にはなっていない。（2）反対派がいてくれることで、電力会社にプレッシャーを与える材料になると捉える人もいてやはり存在を疎まれることはない、ということだ」（『「フクシマ」論』）

はじめは市町村だけだった交付金が、やがて道府県にまで拡大されることによって、全国に原発の立地が進んでいったのです。

ただし、福島の事故の後は、もうゴメンだと、交付金の受け取りを返上する自治体も出てきています。

「原発は安全だというが、都会から離れた田舎に押しつける。平和利用と言えば聞こえがよいが、結局は経済優先の商業利用だった」これは、広島市出身で、京都大学原子炉実験所の助教をつとめた今中哲二《いまなかてつじ》の言葉です。

いくら交付金というアメがあっても、原発の立地を拒否する自治体もありました。一九九六年八月には、新潟県の小さな町、巻町《まきまち》（現在は新潟市の一部）がクローズ・アップされたことがあります。東北電力が計画した原子力発電所建設を認めるかどうかの住民投票が行われ、六一％の町民が反対し、計画は凍結されたのです。

新しいところにもう原子力発電所をつくれないということになると、現在あるところに増設しようということになります。福島の第一原子力発電所の中に一号機がつくられたら、二号機、三号機、四号機、五号機と、どんどん同じ敷地内に増えていくという形になっていったのです。

第6講

日本も核保有を検討した

「自衛のための核兵器」？

これほどまでに原子力発電推進に邁進してきた日本政府。そこに、「いずれは核兵器の保有も」との思惑はなかったのでしょうか。

実は日本政府は、「自衛のためなら核兵器を保有することも憲法違反ではない」との方針を持ち続けているのです。

この見解が最初に明らかにされたのは、一九五七年のこと。国会答弁で、当時の岸信介《きしのぶすけ》首相が、「自衛のためなら核兵器を持つことは憲法が禁じない」と発言しました。

日本国憲法第九条は、戦争放棄を定めていますが、その一方で、「国家はそもそも自衛権を保有しているから、自衛のための最小限度の実力は保持することができる」として、日本政府は、自衛隊を創設しました。

このため、自衛隊が創設されて以来、常に自衛隊は憲法違反の存在ではないかとの議論が交わされてきました。

と同時に、「自衛のための最小限度の実力」が、どこまでのものを指すのかも議論されてきました。

そうした文脈の中で、「自衛のためなら核兵器を持つことも憲法違反ではない」との見解が示されたのです。

核兵器は、この世界で究極の力を持つ兵器ですから、核兵器が保有できるのであれば、「最小限度」どころか、あらゆる兵器が持ててしまうことになりかねませんが、あくまで理論的可能性としては、日本が核兵器を保有できるのだ、というのです。

もちろん、だからといって直ちに日本が核兵器を保有することになるわけではありませんが、こういう政府見解が示されていたのです。

では、その後の日本政府の方針は変わったのか、どうか。二〇〇九年三月、衆議院の辻元清美《つじもときよみ》議員は、麻生太郎《あそうたろう》内閣に対し、「どのような核兵器なら自衛のための核兵器と呼び得ると考えるか」との質問主意書を提出しています。

これに対する麻生内閣の答弁書は、次のようなものでした。

「我が国には固有の自衛権があり、自衛のための必要最小限度の実力を保持することは、憲法第九条第二項によっても禁止されているわけではない。したがって、核兵器であっても、仮にそのような限度にとどまるものがあるとすれば、それを保有することは、必ずしも憲法の禁止するところではない。他方、右の限度を超える兵器の保有は、憲法上許されないものである。政府は、憲法の問題としては、従来からこのように解釈しており、この解釈は、現在も変わっていない。

憲法と核兵器の保有との関係は右に述べたとおりであるが、我が国は、いわゆる非核三原則により、憲法上は保有することを禁ぜられていないものを含めて政策上の方針として一切の核兵器を保有しないという原則を堅持し、また、原子力基本法（昭和三十年法律第百八十六号）及び核兵器の不拡散に関する条約により一切の核兵器を保有し得ないこととしているところであり、お尋ねにお答えすることは困難である」

つまり、日本政府としては、自衛のための核兵器を持つことができるが、「政策上の方針」として、「一切の核兵器を保有しない」という原則を持っているというわけです。

さらに、原子力の平和利用を定めた原子力基本法があり、核拡散防止条約（ＮＰＴ）を結んでいるので、核兵器は持てず、どんなものが自衛のための核兵器か答えることはできない、というのです。

これに関しては、防衛省のホームページでも、「防衛政策の基本」の「非核三原則」について、次のように解説しています。

「非核三原則とは、核兵器を持たず、作らず、持ち込ませずという原則を指し、わが国は国是としてこれを堅持しています。

　なお、核兵器の製造や保有は、原子力基本法の規定でも禁止されています。さらに、核兵器不拡散条約により、わが国は、非核兵器国として、核兵器の製造や取得をしないなどの義務を負っています」

　ということは、逆に言えば、「政策上の方針」として核兵器保有を打ち出し、原子力基本法を改定し、核拡散防止条約から脱退すれば、核兵器を持てることを意味します。もちろんそれは現実的ではありませんが、日本政府としては、「核兵器を持てないわけではない。持たないとの方針があるから持っていないだけだよ」という立場を維持しておきたいのでしょう。

核拡散防止条約に参加すべきか

　一九六八年、核兵器を持つ国を増やさないための国際条約・核拡散防止条約が調印され、二年後の一九七〇年に発効しています。このとき日本は、どのような態度をとったのでしょうか。

　一九六八年、当時の内閣調査室（現在は内閣情報調査室）が、「日本の核政策に関する基礎的研究」を密かにまとめていました。これが、一九九四年になって朝日新聞の報道で存在が明るみに出ました。

この研究は、日本の技術力で実際に核兵器製造が可能かどうか、核兵器を保有した場合に予想される国内外の影響などについて調査・研究した文書です。

ここには、一九六四年に中国が核実験を成功させたことで、政府内部に日本への脅威だという受け止め方が広がっていたという背景がありました。

もし日本が核拡散防止条約に参加すると、核保有の選択肢を失うことになるからです。

この文書をまとめるに当たり、どんな議論が行われたのか。NHKスペシャル『〝核〟を求めた日本』の取材班は、議論をまとめた資料を入手しました。

それによると、一九六八年当時、運転を開始したばかりの茨城県東海村の日本原子力発電・東海発電所で、年間に原子爆弾数十発分のプルトニウムを製造できることや、核弾頭を積む戦略ミサイルに使う固体燃料ロケットが技術的には製造可能であることが記されています。

しかし、もし日本が核兵器を保有しようとすれば、中国やソ連、さらにはアメリカの対日猜疑心《さいぎしん》を高めることになって日本の外交的孤立を招くこと、国内の世論が分かれ、国内政治が不安定化することなどから、「日本は、技術的、戦略的、外交的、政治的拘束によって核兵器を持つことができない」と結論づけています。

また、これとは別に、一九六九年、外務省で「わが国の外交政策大綱」がまとめられています。この中には、次のような文章が出てきます。

「核兵器については、NPTに参加すると否とにかかわらず、当面核兵器は保有しない政策をとるが、核兵器製造の経済的・技術的ポテンシャルは常に保持するとともにこれに対する掣肘《せいちゅう》をうけないよう配慮する」

つまり、いつでも持とうと思えば持てる「ポテンシャル」を維持するが、オプションとして持たない方針をとるというのです。

しかし他方で、この報告書はこうも述べています。

「中ソ両国の能力にてらし、通常兵力による侵略をわが国が抑止することすら容易でない。ましてや核攻撃や核恫喝《どうかつ》に対する抑止力及び極東諸地域における紛争抑止力をわが国独自で保有することは憲法の制約の有無にかかわらず不可能である」

やはり現実問題として日本は核保有できないという結論です。

いざとなったら脱退も

日本が核拡散防止条約（ＮＰＴ）に加盟する方針で検討を進めていた当時、水面下では、保守系議員から、参加しないように求める攻勢が激しく行われていました。「将来の核保有のオプションを放棄すべきではない」というのが、その理由でした。つまり核兵器保有の可能性を維持しておきたい人たちが大勢いたのです。

このとき政府は、ＮＰＴには脱退条項があることを強調して、保守派の政治家たちを説得しました。日本が安全保障で脅かされる事態となったら、ＮＰＴを脱退して、核武装できるのだ、という理屈でした。ＮＰＴには、次のような条項があるからです。

「各締約国は、この条約の対象である事項に関連する異常な事態が自国の至高の利益を危うくしていると認める場合には、その主権を行使してこの条約から脱退する権利を有する」

世界で唯一の被爆国・日本。日本は、その立場ゆえ、世界の非核化に向けて努力を積み重ねてきた。このように考えている人は多いはずです。ところが現実には、政治や官界の中で、日本の核保有の可能性を模索していた人たちがいたのです。

そうしたダブルスタンダードの発想は、「非核三原則」にも適用されることになります。

偽りだった「非核三原則」

一九六七年、佐藤栄作《さとうえいさく》内閣は、非核三原則を打ち出しました。「核兵器を持たず、作らず、持ち込ませず」の三原則です。その後、衆議院でも、三原則を尊重することを決議しています。

こうした功績が認められ、佐藤栄作は、一九七四年、ノーベル平和賞を受賞しました。ところが、この三原則には欺瞞《ぎまん》が隠されていたのです。

問題は、核兵器を「持ち込ませず」の部分でした。岸内閣の時代に、もし米軍が日本に核を持ち込もうとした場合は、日米の間で事前協議が必要であることが確認されていました。これを受けて、日本側としては、事前協議が行われれば核持ち込みを拒否する方針だと説明してきました。

ところが、これまでアメリカからは、事前協議の申し入れがないので、核が持ち込まれたことはない、というロジックでした。

しかし、米軍はそんな日本側の意向とは関係なく、核兵器を搭載した艦船を日本に入港させていました。

第3講で触れたように、一九六五年一二月には、ベトナム戦争に参加したアメリカ軍の空母「タイコンデロガ」が、横須賀の米軍基地に向かう途中、沖縄近海で、水爆一個を積んだ戦闘機を海中に転落させる事故を起こしています。この事故がなければ、水爆を搭載した戦闘機は、そのまま空母と共に横須賀に入港していたはずです。

また、一九七四年一〇月、アメリカ議会で、ラロック退役海軍少将が、「核兵器搭載可能な艦船は、日本あるいは他の国に寄港する際、核兵器を降ろすことはしない」と証言。これは「ラロック証言」として日本国内で大問題になりましたが、日本政府は、「アメリカから事前協議の申し入れがなかった」として、この証言を否定しています。

さらに一九八一年、毎日新聞は、エドゥイン・ライシャワー元駐日大使が、毎日新聞の古森義久《こもりよしひさ》記者の取材に対して、「日米間の了解の下でアメリカ海軍の艦船が核兵器を積んだまま日本に寄港していた」と発言したと報じました。

アメリカは、自国の艦船が核兵器を搭載しているかどうかについてはコメントしない、肯定も否定もしないとの方針をとってきましたが、実際には、核を積んでいました。空母が日本に入港するからといって、核兵器を搭載した戦闘機や爆撃機を、そのときだけ

沖縄への核兵器再持ち込みをめぐって密約の存在が明るみに出た佐藤栄作・ニクソン会談

別に移すなど、軍事常識としてありえません。

それでも歴代の自民党政権は、虚構にすがって欺瞞の「非核三原則」を掲げていたのです。

ただし、冷戦終結に伴い、一九九一年、当時のジョージ・ブッシュ大統領（父）は、海上配備の戦術核兵器の撤去を宣言しましたので、それ以降、日本に寄港する米軍艦船が核兵器を搭載している可能性はなくなっています。しかし、だからといって、政府が国民を欺瞞し続けてきたことに変わりはありません。

「核密約」があった

この欺瞞が暴かれたのは、二〇〇九年

の政権交代がきっかけでした。鳩山由紀夫《ゆきお》内閣の岡田克也《おかだかつや》外務大臣は、密約について調査・公表するように外務省に命令。外務省の調査班と有識者による委員会が発足して、調査が行われました。

その結果、核兵器を「持ち込ませず」に関しては、日米間に定義の違いがあることを知りながら、日本側がアメリカに対して定義を変更するように求めなかったことで、広義の密約があったと結論しました。

アメリカの理解では、「持ち込み」(introduction)とは核兵器の配置や貯蔵を指すものであり、それ以外は、「transit」として一括。「transit」には寄港、通航、飛来、訪問、着陸が含まれ、共に事前協議の対象外であるとしていたのです。

これに対して日本側では、「transit」も「持ち込み」に当たると解釈し、国会答弁では、「通過・寄港も事前協議の対象」であり、事前協議の申し入れがないから「持ち込み」はないと説明していました。

また、沖縄がアメリカから日本に返還された際、アメリカ軍の核兵器が撤去されましたが、一九六九年の佐藤・ニクソン会談で、有事の際には、沖縄への核兵器再持ち込みを認めるとの密約も存在していたことが判明しました。ただし、その密約文書が存在したとの証言はあるが、外務省の中で引き継がれた形跡はないと報告しています。外務省内部で証拠隠滅が行われた可能性が高いのです。

これとは別に、二〇〇八年一二月に外務省が公開した文書によると、一九六五年、当時の佐藤栄作首相がアメリカのマクナマラ国防長官と会談した際、佐藤首相は、前年に中国が行った核実験に触れ、「戦争になればアメリカが直ちに核による報復を行うことを期待している。洋上のもの（核）ならば直ちに発動できるのではないかと思う」と発言していたことが明らかになりました。

表向き「非核三原則」を掲げながら、アメリカの「核の傘」に入っている日本の偽善ぶりを浮き彫りにする発言でした。

「核の傘」の下の日本

「核の傘」とは、もし日本が他国と戦争になり、核攻撃を受けるような際には、アメリカが核兵器を使用してでも日本を防衛するという考え方です。

アメリカは、自国のみならず同盟国が核兵器による攻撃を受けた場合は、核兵器による報復をすると宣言しています。同盟国を「核の傘」の下に入れて守るという考え方です。

日本は、アメリカと日米安全保障条約を結び、米軍を日本国内に駐留させています。もし日本が攻撃されたら、米軍がいる。日本を核攻撃したら、米軍による核の報復を受ける。この米軍の立場が、日本を他国の攻撃から守ることになるというわけです。

そうなると、日本政府が「核廃絶」を訴えても、他国にすれば、「日本は核兵器に守られながら核廃絶ときれいごとを言っている」ということになりかねません。説得力に欠けるのです。

一方、アメリカには、日本に「核の傘」を提供する動機があります。「日本を核兵器で守ってやるから、日本は独自に核武装するなよ」というわけです。

アメリカは、世界にこれ以上核保有国が増えることを嫌います。アメリカの軍事的優位性が損なわれるからです。日本が独自に核兵器を保有するようになると、軍事バランスが崩れ、アジアが不安定になります。さらに、かつてアメリカを攻撃した日本を、十全には信用していません。日本の核武装は、長い目で見ればアメリカに対する脅威にもなりえます。それを防ぐため、アメリカは、日本に「核の傘」を提供している側面があるのです。

その一方で、日本にとっては、日本が核攻撃を受けたとき、アメリカは本当に日本のために核で報復してくれるだろうか、との疑念もつきまといます。

たとえばロシアや中国が日本を核攻撃した場合、アメリカが日本に代わって報復すると、今度は米ロ、米中の核戦争に発展します。アメリカ本土が核攻撃を受ける危険を冒してまで、アメリカは日本を守るのだろうか、というわけです。

「核軍縮決議」に賛成しない日本

アメリカの「核の傘」に入っている日本の立場をうかがわせるデータがあります。国連で過去に実施されてきた核廃絶や核軍縮に関する決議に、日本がどれだけ賛成してきたのかを、NHKスペシャルの取材班が集計したものです（『〝核〟を求めた日本』）。それによると、一九七〇年代前半までは、すべての決議案に賛成した年もあるなど、きわめて高い賛成率でしたが、後半から一九八〇年代にかけて、賛成率が急激に落ち込みます。中には賛成したのは三〇％台という年もありました。

たとえば一九八二年から一一年間にわたって採択され続けてきた「核軍備の凍結」を求める決議（スウェーデンなどが提案国）に対して、日本は一九九一年まで反対を続け、一九九二年には棄権していました。

世界に向けて核廃絶を訴え続けてきたはずの日本が、実は「核軍備の凍結」を求める国連決議には反対し続けていたのです。

なぜ、そのようなことが続いてきたのか。NHKスペシャル取材班は、国連での決議に関して、日本とアメリカの態度を比較しました。その結果、「アメリカの賛成率が下がると日本の賛成率も下がるなど、両者は歩調を合わせるかのように投票を行ってきたことがわかる」（同番組）のです。

　そこには、「アメリカの核の傘に守ってもらっているのだから、アメリカの核政策と歩調を合わせなければ」と考えてしまう日本の卑屈な態度が見えます。

　二〇一七年七月七日、国連本部で核兵器の使用や保有などを法的に禁ずる核兵器禁止条約が、加盟一九三か国のうち一二四か国が出席し、一二二か国の賛成で採択されました。しかし日本は核保有五か国とともに不参加。日本の姿勢は相変わらずです。

　日本周辺では、ロシアと中国が核兵器を持ち、北朝鮮も核兵器を保有するに至りました。今後、これらの国との関係が緊張したり、軍事的小競り合いが発生したりしたとき、日本国内では、「核保有」をめぐる議論が起きてくることも考えられるでしょう。

　そのとき、私たちは、どう考えればいいのか。これが、「被爆国でありながら核の傘の下に入っている日本」の私たちが考えなければならない課題なのです。

第7講

拡散する核の脅威

オバマ大統領、「核なき世界」を提唱

日本がアメリカに遠慮して核軍縮に積極的になれない中で、当のアメリカのオバマ大統領が、二〇〇九年、核軍縮を言い出しました。これにより、この年のノーベル平和賞を受賞。大統領に就任して間もなく、歴史に残る実績をまだ達成していないのに、受賞してしまったのです。

ノーベル委員会は、授賞理由を、こう説明しています。

「オバマ氏は大統領として、国際政治の場に新たな環境を生み出した。多国間外交を再び中心にすえ、国連やその他の国際機関の担う役割を重視した」

「核なき世界の構想は、軍縮と軍備管理交渉を力強く推し進めた」

「オバマ氏が主導権を握ったことで、アメリカは世界が直面している深刻な気候変動に対処する上で、より建設的な役割を果たしている」（いずれも共同通信・訳）

「多国間外交を再び中心にすえ、国連やその他の国際機関の担う役割を重視した」というコメントには、ブッシュ元大統領の単独行動主義への嫌悪がにじみ出ています。

オバマ受賞の決定には、ノーベル委員会が、「核なき世界」を主張するオバマを激励しようという意図がうかがえました。

ノーベル委員会の過剰なほどの期待があったにせよ、二〇〇九年四月の「核廃絶」を目指す演説は、確かに世界を期待させました。

アメリカに「道徳的責任」

この演説は、二〇〇九年四月五日、チェコの首都プラハで行った「核廃絶」を目指すものでした。

かつて東西冷戦時代、ソ連の圧制に抗して立ち上がった歴史を持つチェコの人たちに対して、オバマ大統領は、「二〇世紀において我々が自由のために戦ったように、我々は二一世紀の今、恐怖から脅かされることなく生きる権利が世界のどこに住む人にも与えられるよう戦わねばなりません」（三浦俊章編訳『オバマ演説集』）と呼びかけました。

その上で、「アメリカは核兵器を持つ国として、そして唯一核兵器を使用した核保有国として、アメリカには行動する道徳的責任があるのです」（同書）と語りました。

アメリカの大統領が、核兵器に関して「道徳的責任」に触れたのは初めてのことです。

従来アメリカ人の多くが、「核兵器を使用したことで、戦争を早期に終わらせることができ、犠牲を少なくすることができた」と、核兵器の使用を正当化してきただけに、画期的なことでした。

そして、「アメリカは、核兵器のない平和で安全な世界を求めます」と宣言しました。

これが、ノーベル平和賞受賞につながったのです。しかし、ここからの道は平坦《へいたん》ではありません。まずロシアとの関係改善から始めなければなりませんでした。

核兵器削減で交渉再開

プラハ演説の直前の四月一日、オバマ大統領は、ロシアの当時のメドベージェフ大統領と会談し、核兵器を減らす話し合いを進める約束をしました。ブッシュ大統領（子）の時代には進まなかった話し合いが、ようやく始まったのです。

オバマ大統領は、大統領選挙期間中、「核兵器のない世界」を目指し、核兵器を大きく減らすと訴えてきました。その公約を実現させるため、ロシアとの間で話し合いを再開しました。

第3講で見たように、核兵器を減らす動きが止まったのは、二〇〇二年のことです。同時多発テロを受け、ブッシュ大統領が、ミサイル防衛システムづくりを始めたからです。

いつテロリストや「ならず者国家」が攻撃するかもしれないと脅えたブッシュ大統領は、まずイランからの防衛を考えます。イランは、核開発を進めるとともに、北朝鮮から導入した弾道ミサイル「テポドン」を元にして「シャハブ」ミサイルを製造。改良に力を入れていました。

アメリカにとって、仇敵《きゅうてき》イランが将来、アメリカ大陸まで到達する核兵器搭載の弾道ミサイルを開発したら、それは悪夢です。イランが現在保有しているミサイルは、まだアメリカ大陸に届きませんが、二〇一五年までには開発されるだろうと米軍は予測していました。

そこでブッシュ政権は、アメリカ本土全体をミサイル攻撃から守る仕組みをつくり、東ヨーロッパに「ミサイル防衛システム」を配備する方針を打ち出したのです。中東のイランがアメリカに向けて核ミサイルを発射した場合、ミサイルが上空を通過するチェコやポーランドに基地を建設し、途中で撃ち落とそうというものです。

計画では、チェコにレーダー施設を設置し、ポーランドに迎撃ミサイル発射基地を建設します。

ミサイルが発射されれば、チェコのレーダーが探知し、進路をコンピューターが自動計算。ポーランドの基地から迎撃ミサイルを発射して、途中で撃ち落とすというものです。

ところが、これにロシアが強く反発しました。アメリカが、ロシアをミサイルで攻撃できる準備をしているようにみえたからです。

またチェコやポーランドにミサイル防衛システムが配備されますと、結果的に、ロシアからヨーロッパに飛来するミサイルに対する防衛網としても機能します。これがプーチン大統領には気にくわなかったのです。ヨーロッパ各国が、「ロシアがミサイルを発射しても防衛できる」と考えるようになると、ヨーロッパへの脅しの効果が薄れてしまうからです。このため、米ロの話し合いは進みませんでした。

修復された米ロ関係

当時のプーチン大統領は、対抗措置を打ち出しました。チェコとポーランドに照準を合わせた中距離核ミサイルの配備と、ヨーロッパとの軍縮条約からの脱退をちらつかせたのです。かつて東西冷戦時代、ソ連は西ヨーロッパを射程に収める中距離核ミサイルを配備していましたが、一九八七年、アメリカとの間で「中距離核戦力全廃条約」を結び、中距離ミサイルを撤去・解体しました。それが、その後、東西冷戦の終結に結びついたのです。

ところがロシアはこの条約から脱退し、新しく中距離ミサイルを開発・配備する方針を打ち出しました。

また、東西冷戦終結時の一九九〇年には、東西ヨーロッパの通常兵器（核兵器でない兵器）を減らしていく「欧州通常戦力（CFE）条約」を結び、通常兵器についても削減していこうということになっていました。ところがロシアはこの軍縮条約からの脱退も示唆したのです。これでは、「新しい冷戦」が復活するかと思われたのですが、オバマ政権の登場で、米ロ関係は急速に改善に向かいました。

歴史的軍縮条約に調印

かくして、二〇一〇年四月八日、歴史的な新軍縮条約が調印されました。一年前、オバマ大統領が歴史的演説をした場所、チェコの首都プラハが調印の場所に選ばれました。

新条約は、核弾頭と運搬手段の両方を削減することを謳っています。

まず戦略核弾頭の配備数は、現在の二二〇〇発から一五五〇発に削減します。

また、大陸間弾道ミサイル（ICBM）と潜水艦発射弾道ミサイル（SLBM）、爆撃機といった核兵器の運搬手段の総数を、現在の上限一六〇〇から八〇〇に削減することを定めています。

実際に削減が実施されているかどうか、検証する方法も定めています。この条約は、

プラハで、新軍縮条約に調印したオバマ大統領とメドベージェフ大統領

一九九一年に調印の第一次戦略兵器削減条約（ＳＴＡＲＴ Ｉ）を引き継ぐものでした。

これを受けて、アメリカの議会は二〇一〇年一二月、ロシア議会は二〇一一年一月、それぞれ批准し、条約は発効しました。以後七年間で合意を実行に移すことになっています。

ノーベル委員会の期待は、とりあえず核廃絶に関して、実現の方向に動いたかのように見えました。

北朝鮮の核開発進む

しかし、核軍縮は、米ロの間で行われているだけでは不十分です。新たに核開発を進めようとする国を、どうすれば押しとどめることができるのか。そんな課題を突きつけているのが、北朝鮮であり、イランです。

北朝鮮の核開発は一九五〇年代後半、ソ連と「原子力の平和利用に関する協定」を結んで始まりました。ソ連から提供された原子炉で研究を進め、一九六〇年代に寧辺《ニョンビョン》で核施設の建設を始めました。平和利用目的の核開発を表向きにした北朝鮮は、IAEA（国際原子力機関）にもNPT（核拡散防止条約）にも加盟しました。

NPTに加盟すると、IAEAの査察を受けなければならないのですが、なぜか北朝鮮は査察を拒み続けました。

一九九二年になってようやく査察を受け入れたところ、原子炉から密かにプルトニウムを抽出していたことが判明します。

北朝鮮は、プルトニウムの抽出の事実はIAEAにはわからないだろうと判断して査察を受け入れたのでしょうが、国際水準の技術は、北朝鮮の予想を超えていたのです。

これを受けてIAEAは特別査察を要求しましたが、北朝鮮はこれを拒否。それどころか一九九三年にNPTからの脱退を表明。さらに翌年にはIAEAからの脱退も表明しました。

当時のアメリカのクリントン大統領は、北朝鮮の態度に危機感を募らせ、北朝鮮の核施設への空爆を計画します。しかし、実際に空爆に踏み切った場合、北朝鮮が韓国に対して大規模な報復攻撃に出る恐れがあり、アメリカは空爆を躊躇《ちゅうちょ》していました。

危機は回避されたかにみえたが

一九九四年、この緊張の危機緩和に乗り出したのが、アメリカのジミー・カーター元大統領でした。カーター元大統領と金日成《キムイルソン》主席が北朝鮮で会談し、「米朝枠組み合意」にこぎつけました。

北朝鮮はプルトニウム関連の核施設を凍結し、その代わりに核兵器に転用が困難な軽水炉二基を提供されるというものでした。さらにそのうちの一基が完成するまで、代替エネルギーとして毎年五〇万トンの重油を、アメリカを中心とする国々から受け取るというものでした。

この「米朝枠組み合意」をすみやかに実行するために朝鮮半島エネルギー開発機構（KEDO）が設立されました。アメリカばかりでなく、EUも日本も韓国も資金提供を求められました。

これを受けて、北朝鮮の軽水炉建設は一九九七年に、咸鏡南道《ハムギヨンナムド》で始まります。しかし、この間も北朝鮮は、まったく別の秘密の核施設で、パキスタンから得た技術を使い、高濃度のウラン濃縮計画を進めていました。

二〇〇二年、アメリカが、パキスタンから得た情報でこの事実を掴《つか》み、北朝鮮に確認を求めると、北朝鮮はウラン濃縮計画の存在をあっさり認めます。このため、KEDOは年間五〇万トンの重油の供与を停止しました。

すると、北朝鮮は居直ります。すべての核施設の再稼働と建設を発表し、IAEAの査察官を国外退去させました。そして二〇〇三年、再びNPT脱退を宣言したのです。

六か国協議始まる

北朝鮮の孤立化は、暴走につながる危険性をはらんでいます。アメリカや中国は、なんとか対話の場所に北朝鮮を引っ張り出そうとして、二〇〇三年、初の六か国協議が開催されました。日本・北朝鮮・中国・韓国・アメリカ・ロシアの六か国が北京に集まり、北朝鮮の核開発凍結に向けて話し合いが行われましたが、合意には至りませんでした。二〇〇四年にも、この六か国協議は二回行われましたが、大きな進展はありませんでした。

その一方で、北朝鮮は八〇〇〇本の使用済み核燃料棒を再処理（プルトニウム抽出）したと発表。そして、核兵器を保有していることを明らかにしたのです。北朝鮮は、一方で六か国協議に応じる素振りを見せながら、他方で核開発を進めていたのです。

北朝鮮と他の五か国がようやく合意にたどりついたのは、二〇〇五年、第四回の六か国協議でした。北朝鮮は核開発を放棄し、他国は北朝鮮に軽水炉を提供する、というものでした。しかしまたもや北朝鮮は、この合意も無視します。二〇〇六年には、日本海に向けてミサイル発射実験を行い、さらに核実験まで実施したのでした。

この一連の行動に、国連安保理は北朝鮮への制裁決議を採択し、NPTとIAEAへの復帰を要求します。金融制裁や武器に使用されうる物資の輸出禁止を決めました。

再び六か国が合意に達したのは、二〇〇七年二月のことです。北朝鮮はIAEAの監視を受け入れて核施設の停止と封印を行い、その代わりに重油五万トンと九五万トンに相当する規模のエネルギー支援を受ける、というのが主な内容でした。またこの合意にもとづいて、アメリカは北朝鮮の「テロ支援国家」の解除を実施しました。

テロ支援国家の解除は、日本に衝撃を与えました。北朝鮮と日本との間には、拉致問題が存在したからです。拉致された日本人を全員帰国させるように要求していた日本にとって、拉致問題が解決しなければ、北朝鮮は依然として「テロ支援国家」だという受け止め方だったからです。

この「テロ支援国家」解除は、任期が終わりに近づいたブッシュ政権が、なんらかの成果を示したいがための行動でした。

二〇〇八年、ニョンビョンの核施設で高さ二〇メートルの原子炉附属の冷却塔が爆破され、北朝鮮は核の無力化作業が進展していることをアピールしました。

しかし、これも形ばかりのもの。その後も北朝鮮は、ウラン濃縮による核兵器開発・製造を進めていました。

北朝鮮、またも「一時停止」表明

これまでの北朝鮮の行動には一定のパターンがあります。密かに核開発を進め、それが露見すると、居直り、公然と開発を続行。国際社会が核開発の停止を求めると、いったんは受け入れますが、その代わりに重油や食糧援助を要求。援助を受け取ってしばらくすると、再び核開発続行。六か国協議は、これに振り回されてきました。

二〇一二年二月、北京で開かれた米朝協議で、北朝鮮が核開発の一時停止をする見返りに、アメリカが食糧援助を実施することで合意しました。

北朝鮮は、金正日《キムジョンイル》総書記の死後、国の指導者になった金正恩《キムジョンウン》を盛り立てるため、食糧援助を求めたものとみられます。

しかし、その直後の四月一三日、北朝鮮はミサイル発射実験を強行します。北朝鮮は「人工衛星の打ち上げだ」と強弁しましたが、原理的にはミサイルそのものです。発射は失敗に終わりましたが、これにより、アメリカの食糧援助は停止されました。さらに北朝鮮の金正恩は、金正日の遺訓として、核兵器を保有し続ける姿勢を崩していません。

アメリカが、またも北朝鮮の術中にはまったとしかみえないのです。

イランの核開発

核開発の脅威は、東アジアでは北朝鮮、中東ではイランです。

イランの核開発は、一九六〇年代の王政の時代、まだ親しい関係にあったアメリカや西ドイツ（当時）の支援で始まりました。

一九七九年にイスラム革命が起き、イランはイスラム原理主義国家に変身します。ホメイニ師が最高指導者になると、イランに核エネルギーは必要ないと考えたホメイニ師の指示で、核開発は中止されました。

ところが、一九八〇年からのイラン・イラク戦争で、イラクが核開発を進めていたことが明るみに出ると、その脅威に対抗するため、核開発を再始動させたのです。

しかし、イランはＮＰＴにも、ＩＡＥＡにも加盟しています。イランの核開発の目的はエネルギーのためであり、核兵器が目的ではないということを示すためには、ＩＡＥＡの査察を受けなければなりません。イランは査察を受けながら、一貫して、平和利用目的の核開発しかしていないと言い張ってきました。

ところが二〇〇二年四月、アメリカに亡命したイランの反体制派が、イラン国内でＩ

ＡＥＡに知らされていないウラン濃縮施設が建設されていることを暴露します。

イランはこの事実を認め、二〇〇三年二月、ＩＡＥＡがイランを査察。極秘のプラントで長期間にわたってウランの濃縮が行われてきたことが判明しました。この結果を受け、二〇〇三年一一月、ＩＡＥＡの定例理事会は、イランに対する非難決議を採択します。

当時のイランの大統領は、穏健派で改革派のムハンマド・ハタミでした。国際的な非難をあび、さらに孤立することを恐れたハタミ大統領は、ウランの濃縮作業を中止することを決めたのでした。

ところが、二〇〇五年に政権が交代。保守強硬派のアフマディネジャドが大統領に就任すると、一転してウラン濃縮作業を再開します。そしてその翌年、ウラン濃縮に成功したと発表しました。この問題は国連安保理に持ち込まれ、協議されることになります。

イランに経済制裁

二〇〇六年、国連安保理はイランの核問題に対する決議を採択し、イランに対してすべてのウラン濃縮と再処理活動を停止することを義務づけました。さらにこれが守られない場合は、経済制裁も含む措置をとると表明します。そしてすべての国連加盟国に、

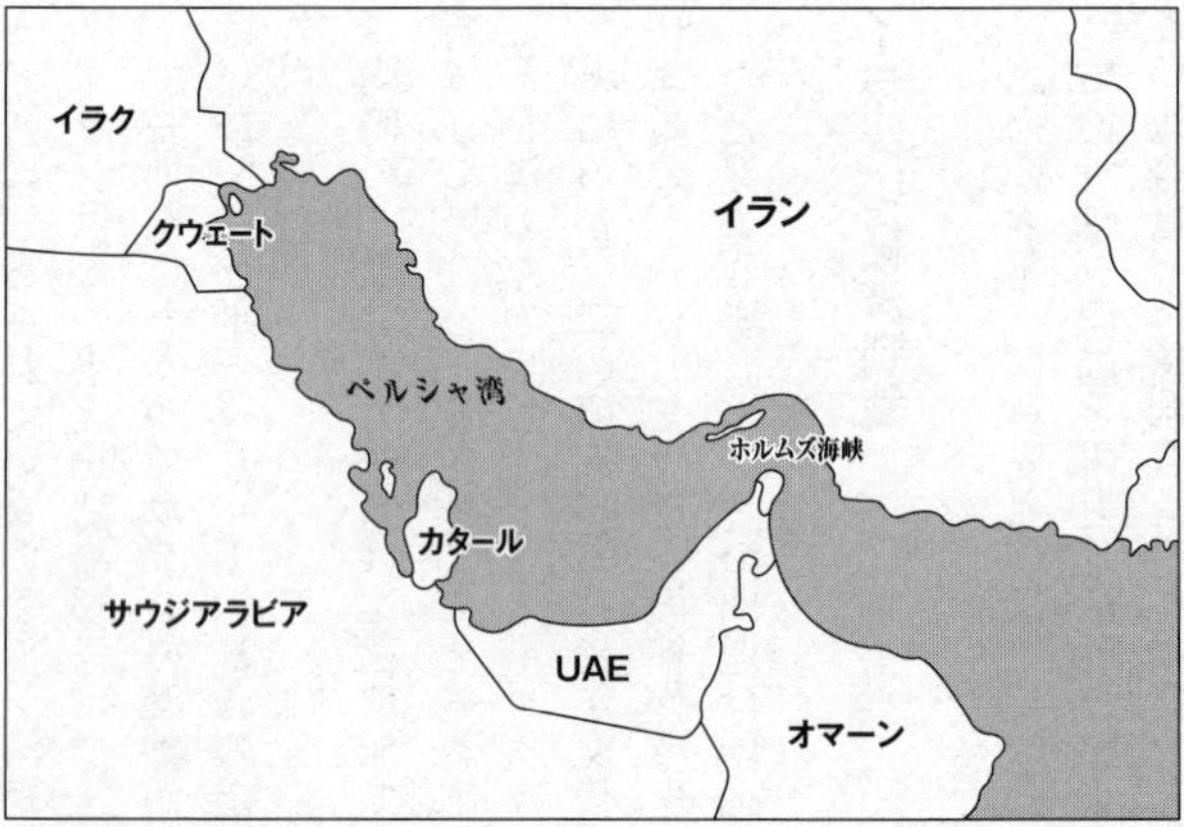

ペルシャ湾とホルムズ海峡

ウラン濃縮や再処理、また弾道ミサイル計画に使われるような物資や技術をイランに送り込まないよう求めました。

しかし、その後もイランは核開発を続けます。二〇一〇年六月に、国連安保理はイランへの追加制裁決議を可決。しかし、アフマディネジャド大統領は強硬姿勢を崩さず、ウランの濃縮を停止する意思がないことを表明しました。

二〇一二年、EU加盟国はついに独自制裁に合意し、イラン産原油の輸入を禁止することなどを決めました。日本も、イラン産原油の輸入削減で、アメリカに協力していました。

これに対してイランは、原油の輸入禁止など経済制裁を強化した場合、ホルムズ海峡の封鎖も辞さないとの態度を示します。

ホルムズ海峡は、イランとオマーンの間の狭い海域で、最も狭い場所では幅が三〇キロしかありません。もし封鎖されると、サウジアラビアやイラク、クウェート、カタールからの原油と天然ガスの輸送が不可能になります。日本が輸入する原油の八割、天然ガスの二割が、ホルムズ海峡を通過しています。ホルムズ海峡封鎖は、日本経済にとって大打撃になるのです。

イスラエル、イラン攻撃を検討

イランの核開発に対し、とりわけ危機感を募らせているのは、イスラエルです。

イランはイスラエルの敵対国家。イランのアフマディネジャド元大統領は、「イスラエルを世界地図から抹消しなければならない」と演説するほどのイスラエル嫌い。第二次世界大戦中にユダヤ人六〇〇万人がナチスによって殺害されたことも「フィクション」だと言ってのけたほどです。

そんなイランが核兵器を手にすれば、イスラエルにとって死活問題です。とりわけ安全保障に敏感なイスラエルは、過去にも核開発を進めていたイラクやシリアの核施設を空爆しています。同じようにイランの空爆も検討していたのです。

しかし、二〇一五年七月、アメリカ、イギリス、ドイツ、フランス、ロシア、中国の六か国とイランの間で、イラン核合意が締結されます。イランはウラン濃縮活動を一〇年から一五年制限し、遠心分離機を削減するなどの条件を受け入れました。二〇一六年一月にはその見返りとして、イラン産の原油や天然ガスの禁輸などの制裁が解かれます。ＩＡＥＡがイランを査察し、違反があれば再び制裁が発動されることになっていますが、二〇一七年八月、ＩＡＥＡはイランが合意を遵守していると報告しています。

第8講

原発事故と反対運動

イギリスで起きた原発事故

原子力を使うということは、危険と隣り合わせでもあります。巨大な事故が発生すると、大きく報道されます。たとえばスリーマイル島事故やチェルノブイリ原発事故のように。しかし、それが軍事施設ですと、意図的に小さく抑えられたり、場合によっては極秘にされてしまったりすることもあります。

周辺住民に大きな影響が出た事故としては、一九五七年一〇月一〇日に発生したイギリスのウィンズケール原子炉事故があります。イギリス北西部にあったウィンズケール原子力工場は、軍事用のプルトニウムを生産していました。つまり核兵器の材料にするために原子炉を運転し、使用済み核燃料を再処理してプルトニウムを取り出していたのです。

現在の一般的な原子炉では、燃料棒を軽水（普通の水）に浸しています。この水が減速材の役割を果たします。減速材とは、核分裂で発生する高速中性子の速度を落とす材料のこと。速度を落とすことで、中性子が他のウランに衝突しやすくなり、核分裂を活発にさせる役割を果たします。

これに対して、この原子炉は、減速材として黒鉛を使用していました。黒鉛を使うと、原子炉全体の運転を止めることなく、一部の燃料棒を取り出すことが容易で、プルトニウムの再処理が効率的に行えるからです。

しかし、黒鉛は水と違い、燃えやすい欠点があります。このときも、黒鉛が過熱して火災が発生しました。現場では、消火に水を使用すると、水蒸気爆発が起きるのではないかと心配して水をかけるのが遅れたこともあり、一六時間にわたって燃え続け（最終的には水を使用し、水蒸気爆発せずに消火に成功）、大量の放射性物質が大気中に放出されました。

これにより、周辺住民が被曝し、牧草が汚染されるなどの被害が出ましたが、軍事用施設だったこともあり、情報はほとんど出ることがなく、詳細が発表されたのは、一九八〇年代に入ってからのことでした。

不祥事が起きたら会社の名前を変更する。事故が起きた施設は名前を変える。この原則により、この施設の名前は、現在はセラフィールド核燃料再処理工場になっています。

ソ連で大事故が起きていた

イギリスで事故が起きる直前の九月二九日、旧ソ連のウラル地方のチェリャビンスク州で、大規模な事故が起きていました。しかし、核兵器工場であったことや、何事も秘密主義だったソ連のこと。事故はひた隠しにされ、真相が明らかになったのは、事故から三二年経った一九八九年になってからでした。旧ソ連末期のゴルバチョフ政権によるグラスノスチ（情報公開）政策によって、公表され、ＩＡＥＡに報告書が提出されました。

事故が起きたのは、一九四八年に建設されたプルトニウム生産施設でした。高レベル放射性廃棄物を貯蔵していたタンクの冷却システムが故障し、廃棄物が高熱になって爆発。大量の放射性廃棄物が周辺に飛散しました。

事故により、幅九キロ、長さ一〇五キロにわたって広範囲に放射能汚染され、約二五万人の住民が被曝したとみられますが、当時のソ連政府が住民一万人を避難させたのは、事故から一週間も経ってからでした。

当時のソ連には、秘密の核兵器製造工場が各地に点在していました。事故が起きた都市は、「チェリャビンスク六五」という暗号名がつけられ、地図にも載っていない秘密都市でした。

住民のほとんどが核施設で働く労働者とその家族だったこともあり、事故は長く隠されてきました。

また、事故とは別に、当時は、工場で出た放射性廃棄物が近くのテチャ川（オビ川の支流）に垂れ流しになっていました。近くのカラチャイ湖にも放射性物質が大量に流れ込んでいましたが、一九六七年の旱魃《かんばつ》で湖が干上がると、湖底にたまっていた放射性物質が風で拡散する二次被害も出ています。

この事故の概要を明らかにしたのは、ソ連からイギリスに亡命した科学者のジョレス・A・メドベージェフが、科学専門誌に掲載した論文でしたが、当時のソ連は、これを否定していました。この内容は、その後『ウラルの核惨事』としてまとめられています。

原子力船「むつ」の漂流

日本で最初の原子炉事故として知られるのは、原子力船「むつ」のトラブルです。

原子炉はいったん動き出せば、長期間燃料を必要としません。それを利用しようというのが、原子力船や原子力潜水艦でした。一九五〇年代から一九六〇年代にかけて、アメリカ、ソ連で原子力船の建造が活発になります。一九五九年、世界初の原子力船がソ連の造った「レーニン号」でした。これは砕氷船で冬に凍結した北極海の航路を確保するためのものでした。ついで一九六二年にはアメリカが原子力貨客船「サヴァンナ号」を完成させます。

このような流れを受け、日本でも一九六三年に日本原子力船開発事業団が発足。原子力船の建造が決まります。

船名は「むつ」でした。当初の母港、大湊《おおみなと》港のある青森県むつ市からその名前がつきました。一九六八年に着工、一九六九年に東京で進水して、その後大湊港で原子炉が設置され、一九七二年に原子力船開発事業団に引き渡されました。総トン数八二四二トン、全長約一三〇メートルの貨物船でした。

一九七四年八月、いよいよ実験のために出航しようとしますが、「むつ」が放射能で汚染された水を出すのではないかと心配した周辺の漁民たちが反対します。青森、秋田、北海道の漁業団体から漁船三〇〇隻が大湊港に集まり、「むつ」の出港を阻もうと包囲しました。ところがこのとき、台風がやってきます。この台風で漁船が一時避難したすきをついて、「むつ」は太平洋に出ました。

八月二六日、出力の上昇試験を行うために大湊港を出た「むつ」は、八月二八日に太平洋上で原子炉の臨界を達成します。臨界とは、燃料棒の核分裂が連続して起きる状態

大湊港で、出港を阻止しようとする漁船に包囲された原子力船「むつ」

をいいます。

しかし九月一日、原子炉から放射線が漏れるという事故が起こってしまいます。わずかな放射線の量だったのですが、これを新聞は「放射能漏れ」と報じました。つまり、これを伝えた記者たちには、放射線と放射能の区別がついていなかったのです。

ここで、念のため確認しておきますが、放射線を出すものが放射性物質です。放射能というのは、放射線を出す能力のあるものという、曖昧なもの。放射線を出す能力があるものということは、放射性物質とほとんどイコールです。

原子力船「むつ」は、原子炉から放射線が漏れました。放射性物質は漏れていませんでした。ところが、この区別がつかない新聞記者が、「放射能漏れ」と報じたのです。もし放射能漏れなら、放射性物質が原子炉の外に出たということで、これは大事故です。

このとき放射線漏れに対する応急処置としてとられたのは「おにぎり作戦」でした。原子炉から出る中性子線を吸収する「ボロン」(ホウ素)を混ぜた炊き込みご飯を炊き、おにぎりにして放射線が出る隙間に埋めたのです。

海の上という限られた場所で、あるものだけを使って対策をとらなければならなかったのですから、「おにぎり作戦」はなかなか独創的なアイデアだったと思うのですが、新聞では「おにぎりで隙間をふさぐ」と報道されました。最先端の原子力とおにぎりの取り合わせ。日本の原子力技術に対する不信感が高まったのは当然のことでした。

さらに「むつ」は絶対に安全であると強調されていたのに事故を起こしたものですから、大湊の漁民は帰港に大反対します。青森県も入港を拒み、最終的に大湊港に戻ることができたのは、事故から四五日後のことでした。その間「むつ」は太平洋を漂流することになりました。

その後、長崎県の佐世保《させぼ》で修理をしましたが、母港であった大湊港には戻れません。最終的に同じむつ市の関根浜《せきねはま》というところに新しい港をつくって、そこを拠点とすることになりました。

「むつ」が次の実験航海に出たのは、事故から一七年後の一九九一年のことでした。一九九二年まで数回の航海実験を行った「むつ」は、一九九三年、原子炉が撤去されてディーゼル機関に替えられ、日本海洋研究開発機構に、「みらい」という名前に変わって引き渡されました。

これ以降、日本では原子力船の構想はご法度になっています。まして原子力潜水艦など日本では考えられないのです。

スリーマイル島原子力発電所事故

原子炉の事故といえば、真っ先に出てくるのが、アメリカのスリーマイル島の事故でしょう。

一九七九年、アメリカのペンシルバニア州のスリーマイル島の原子力発電所で事故が起きます。これは、メトロポリタン・エジソン社という地方の電力会社が持っていた原子力発電所でした。原子炉は二基で一九七四年に営業運転を開始しています。

事故が起きたのは三月二八日の午前四時でした。一号炉は修理のために運転を休止中。トラブルの多かった二号炉も本来なら運転を止めて整備する必要があったのですが、経済重視の点から運転を止めずに修理していました。

この日、二号炉の復水浄化器という水蒸気を水に戻す装置が故障して、メインの給水ポンプが停止しました。メインの給水ポンプが止まれば補助の給水ポンプが作動するようになっているのですが、給水管のバルブが閉まっていたために、冷却水が送り込めなくなってしまいました。内部の温度も圧力も上昇します。これを止めるために圧力逃がし弁が作動し、一方で緊急炉心停止装置も働いて炉心に大量の水が注入されました。

ところが今度は圧力逃がし弁が故障で閉まらなくなったのです。注入された水がその弁から流れ出してしまいました。このことに気づかなかった作業員は、炉心の水があふれ出すのを恐れて注水量を減らしてしまいます。その結果、炉心の水位は下がり、燃料棒の一部が露出して溶解。放射性物質が原子炉の外に漏れ出してしまったのです。

後から駆けつけたベテラン作業員が、開いたままになっている弁に気づき、なんとかそれを閉めて事態は収束に向かいました。対応がもう少し遅れていたら、深刻な事態になるところでした。

この事故で放射性物質が外部に漏れたため、アメリカ原子力規制委員会（NRC）と州知事は、発電所を中心とする半径約八キロ圏内の子どもと妊婦に限って避難勧告を出しました。

実際にはここまで広範囲に避難を呼びかけるほどの放射線レベルではなかったことが後でわかるのですが、この発表がパニックを引き起こします。子どもと妊婦だけでなく、八キロ内に住む一四万人以上の人が避難を始めました。電話はつながらなくなるし、ガソリンスタンドには長い列ができ、道路は渋滞しました。

事故発生から四日後の四月一日、ジミー・カーター大統領夫妻がスリーマイル島を訪れ、中央制御室に入って関係者を激励しました。これが報道され、「本当に悪い状況なら大統領夫妻は行かなかっただろう」と国民は納得し、パニックも収まっていったのです。

そもそもは営利重視のために修理や整備が遅れ、そこに作業員の判断ミスが重なった事故でした。さらに事故状況の発表の仕方やマスコミの報道の仕方によって、住民の不安は増幅され、パニックが引き起こされました。

またこの事故で、スリーマイル島と同じ加圧水型軽水炉を持っていた国々では、点検をせざるをえなくなり、原発に対する反対運動も活発になります。新規の原発建設ができなくなった国もあり、中でもスウェーデンでは翌年の一九八〇年に国民投票が行われ、原子力発電所を段階的に廃止することになったのです。

チェルノブイリは危険な黒鉛炉

スリーマイル島の事故の次に世界に衝撃を与えたのが、チェルノブイリ事故でした。チェルノブイリはソ連時代のウクライナ共和国、現在のウクライナにある地名で、首都キエフの北およそ一〇〇キロに位置しています。ここに原子力発電所の建設が始まったのは一九七一年。原子炉は四基ありました。さらに五号機、六号機の建設が進められていたのですが、その中の四号機で事故は起こりました。

この原子炉は日本や欧米のものとは大きく異なるもので、黒鉛型と呼ばれています。直径一七メートルの巨大な黒鉛の円筒にいくつもの穴が開いていて、そこにチャンネル炉と呼ばれる直径一三センチ、長さ一〇メートルの原子炉が収められています。この黒鉛型の利点は、運転を止めないで核燃料を交換できる点にあります。

日本や欧米で使われている原子炉ですと、燃料を使い終わったときに原子炉全体の運転を止めて燃料を交換しなければなりませんが、チェルノブイリの原子炉は運転を続けながらチャンネル炉を取り出して燃料を交換することができるのです。さらに、使用済み燃料からプルトニウムが取り出しやすく、核兵器の大量生産を進めていたソ連としてはこちらの方が都合がよかったのです。

では、なぜ運転効率の良い黒鉛型を欧米が作らなかったのか。実は危険性が高いといわれていたからです。

日本や欧米で使われている原子炉は、水の中に燃料棒が入っています。燃料棒が核分裂を起こすと高温になり、この熱が周囲の水を沸騰させ、水蒸気にします。この水蒸気で発電のタービンを回すというのが簡単な原理です。

しかし、この水は単に熱を伝える働きをしているだけではありません。前に述べたように、この水は、ウランの核分裂で発生する中性子の速度を遅くする役目も果たしています。中性子の速度が落ちることによって、その中性子がほかのウランの原子核に当たりやすくなり、核分裂が促進されるのです。この水は、中性子の速度を遅くする役割を果たしていることから「減速材」と呼ばれています。

もし原子炉から水が失われた場合、燃料棒の熱を水が奪うことができなくなります。そうなると燃料棒が過熱状態になる恐れがあります。

その一方で、水がなくなるということは「減速材」がなくなるということでもあるので、中性子の速度が上がってほかのウランの原子核に当たりにくくなり、核分裂の連鎖反応が抑制されます。つまり、水を減速材に使うことで、万一のときに事故の拡大を抑える働きがあるのです。

チェルノブイリの黒鉛型の原子炉は、この減速材に黒鉛を使っています。減速材としての水はないため、内部の水の量は欧米型よりはるかに少ないのです。その水がなくなると、燃料棒は過熱状態になります。でも減速材の黒鉛はそのままありますから、核分裂の連鎖反応は続きます。つまり、万一事故で水が失われた場合、その拡大を抑える働きをするものがないのです。

さらにこの原子炉には、原子炉格納容器もありませんでした。もし「チャンネル炉」から放射性物質が漏れた場合、すぐに外部に放射性物質が出てしまう危険性もありました。このことから欧米型の原子炉よりもソ連の黒鉛型原子炉の方が危険性が高いと指摘されていたのです。

実験中に事故が起きた

一九八六年四月二六日、午前一時過ぎ、チェルノブイリ原発四号機で事故が起きました。この事故は、ある実験の最中に起こります。

発電所のさまざまな機械は、そこで作られている電気で動くようになっています。もし何かの事故で発電ができなくなったら、他の発電所から送られる電力に頼ることになります。でも、ほかからも電力が供給されなくなったらどうするか。発電所内にある緊急用の自家発電装置を動かすことになります。しかし、自家発電装置も常に正常に作動するかどうかわかりません。

そこで、発電所が停電したとき、まだ惰性で回っているタービンから必要な電力を取り出してみよう、というのがこの実験でした。原子炉が停止しても、発電機のタービンはすぐに止まるわけではなく、惰性でしばらくは回っています。この回転を利用して、どれほどの電力が得られるか、ということだったのです。

二五日午後一一時、実験が開始されました。ところがその途端、操作ミスによって出力が急低下します。その出力を回復させようとして、今度は安全基準以上に制御棒を引き上げてしまったのです。制御棒は核分裂を抑制する役目を果たすものですから、これが減るということは核分裂を促進させることになります。その一方で冷却ポンプの力は低下したままで、原子炉は過熱します。

午前一時二四分、原子炉から引き上げられていた制御棒が再び原子炉に入れられました。この操作によって制御棒が正常な位置まで入れば、核分裂は抑えられ、運転を停止することができるはずでした。

ところが、この制御棒に欠陥がありました。制御棒の先端部分に核分裂を促す黒鉛が使われていたため、先端だけが入った状態では核分裂はさらに進んでしまうことになったのです。原子炉はさらに過熱。チャンネル炉は破壊され、それを取り巻く黒鉛も破壊されて、制御棒はますます入りにくくなります。

高温の燃料棒と水が反応。遂に水蒸気爆発が起こります。巨大な爆発によって原子炉は破壊され、放射性物質が外部に飛び散りました。その量は、広島に投下された原爆のおよそ一〇倍と推定されています。

原子力発電所には「緊急炉心冷却装置」という装置があります。トラブルが発生して直ちに運転を止めなければならない場合、タンクに貯められた水を注入して原子炉を冷やして停止するものです。ところがこの実験では、その緊急炉心冷却装置のシステムはあらかじめ切断されていました。実験のための操作を、緊急炉心冷却装置が事故と認識して作動するのを防ぐためでした。車にたとえるなら、急ブレーキがかかっては困るから、ブレーキをはずして運転するようなものです。

ソ連政府、しぶしぶ発表

この事故を察知したのは、ウクライナから遠く離れたスウェーデンの首都ストックホルム北方一〇〇キロにあるフォルシュマルク原子力発電所でした。

四月二八日午前七時、所内の検知機が通常の一五〇倍という異常なレベルの放射性物質を感知し、警報が鳴り響きました。ところが、発電所のどこにも異常は見つかりません。その放射性物質を分析した結果、原子炉内部から出たものであることがわかりました。つまり、原子炉の内部が露出するほどの大事故がどこかで起こったということです。風向きから考えて、事故はソ連国内で発生したと推定され、そのことが発表されました。

ソ連国内でこの事故が報じられたのは、二八日の夜になってからでした。しかも扱いは小さく、詳細は何も伝えられませんでした。事故をスウェーデンに気づかれてしまったため、ソ連は仕方なく発表したのでした。

チェルノブイリでは事故によって大量の放射線が発生し続けていましたが、それにもかかわらず、周辺の住民に危険性はすぐには伝えられませんでした。現場では黒鉛火災の消火に消防隊が駆けつけますが、消防士たちには防護服も防護マスクもありませんでした。

周辺住民の避難が始まったのは、事故発生の翌日、四月二七日の午後になってからでした。当初は現場から三キロ離れたプリピャチ市の五万人が対象でした。五月六日になってようやく、周囲三〇キロ以内に住む一三万五〇〇〇人が避難を始めました。ところがこの避難先もチェルノブイリから四〇キロのところ。放射性物質や放射線から遠く逃れたわけではなかったのです。

ソ連の公式発表では、この事故の死者は運転員や消防隊員など三一名。さらに二二三八人が放射線症候群に冒されたとなっています。この年の八月にソ連がまとめた報告書は、将来のガン死亡者数を四万人と見積もっていましたが、この数字に懐疑的な科学者も多くいます。

事故後の対応もお粗末なものでした。放射性物質によって周辺の牧草は汚染されましたが、この牧草を食べた乳牛に対する規制はなく、子どもたちは、汚染された牛乳を飲み続けます。

ソ連崩壊後に独立したウクライナでは、子どもたちの間で甲状腺ガンが多発しました。その主な原因は、事故後に飲み続けた牛乳による内部被曝だと考えられています。チェルノブイリ事故は世界を震撼《しんかん》させました。飛散した放射性物質は、風に乗ってヨーロッパに届き、パニックを引き起こしました。

東京電力福島第一原子力発電所の事故以降、ドイツやフランスからの航空機の直行便が止まったり、乗務員が日本行きを拒否したりと過剰反応が話題になりましたが、チェルノブイリの経験が、トラウマになっているのです。

チェルノブイリ事故は、旧ソ連特有のお粗末なものだと思われました。西側諸国の原発はもっと安全なものであり、運転員も習熟しているとされてきました。

しかし、福島の事故が起きてみると、お粗末なのは旧ソ連だけではなかったことが判明します。

東海村ＪＣＯ臨界事故

日本では、チェルノブイリのような事故は起きないとされてきましたが、原子力発電所以外でも、信じられない事故が発生してしまいました。一九九九年、茨城県東海村のＪＣＯ東海事業所で臨界事故が起きたのです。被曝した作業員三人のうち二人が亡くなりました。日本の原子力開発史上初めて犠牲者を出してしまうという事故でした。

このときＪＣＯ東海事業所では、高速増殖炉「常陽」で使用するＭＯＸ燃料の原料である硝酸ウラニル溶液を製造していました。簡単にいうと、酸化ウランの粉末を硝酸で溶かして溶液を作るのです。それほど大変な作業ではありませんが、これは「常陽」から依頼があったときだけに作るもので、作業員はこの作業に慣れていませんでした。

ウラン２３５が一定量集まると、核分裂が連続して起こる臨界状態になります。そこで、そうならないように、決められた容器を使って決められた手順で作業をすることになっていました。

しかしここでは、スピード化と簡素化をはかるため、正規のマニュアル通りには作業が行われていませんでした。それが、臨界事故の原因でした。

九月三〇日午前、三人の作業員が通常は使用しない沈殿槽に、硝酸ウラニル溶液を移していました。作業を早めるため、一度に取り扱う規定の量を超えていたのです。当然のことながら、臨界が起きてしまいました。

作業員は大量の放射線を浴びてしまいます。病院に収容された作業員が「青い光を見た」と証言しました。臨界に達したとき、出る放射線が水を通過する際、「青い光」が発生します。作業員の眼の中の水分で、青い光が発生したのです。つまりこの証言によって、作業をしていた現場で臨界が起きたことがわかりました。

原子炉内で起こることが、JCOの事業所でむきだしの状態で起きてしまいました。しかも、臨界は続いています。対策本部が設置され、どうすればこの臨界を収めることができるかが検討されました。その結果、臨界が起きた沈殿槽を取り囲むように水が入っていて、これが減速材の役割を果たし、臨界が続く要因ではないかということになりました。つまり、この水を抜くことができれば、臨界は収まるであろうというわけです。

JCOの所員による決死隊、突入隊が結成されました。誰かが中に入って水を抜くしか方法はなかったからです。この突入隊から独身者は除外されました。遺伝子が傷ついて、将来子どもを持つときに影響が出る可能性があるから、ということでした。

二人ひと組になり、二、三分というわずかな時間だけ現場に入り、これを繰り返して作業を進めました。臨界が収まったのは、翌日十月一日の午前六時を回ってからでした。

この事故では二名が亡くなったほか、所内の作業員、救急隊員、周辺の住民一〇人など合わせて六五〇人を超える被曝者を出してしまいました。

反原発運動高まる

原発誘致は過疎化の進む村や町にとって、それを食い止める大きな手段であるとみなされていました。原発建設やその後の稼働によって新たな職場が生まれれば、若者の流出を防ぎ、また電力会社から人々が派遣されることでも地元の活性化が見込まれます。さらに建設用地の売却代金や、漁業権を放棄することで得られる補償金も魅力でした。ところが、果たして本当に安全なのか、という疑念が湧くと、各地で反対運動が起こり始めます。

一九六三年、中部電力が三重県の芦浜《あしはま》に原発の建設を計画し、国は芦浜は適地であると判断を下します。しかし地元住民は反対します。六六年、中曽根康弘ら衆議院科学技術振興対策特別委員会の一行が、海上から原発予定地を視察しようとしたところ、漁船二〇〇隻の海上デモ隊に阻まれました。この事件と、その後のさらなる反対運動によって原発はいまだに建設されていません。しかし、この時期の反対運動は、後に比べれば、比較的平穏で、各地で建設が進められていきます。

反原発運動が激しくなっていくのは一九六九年ごろからでした。宮城県の女川《おながわ》、福島県の浪江《なみえ》や小高《おだか》、新潟県の柏崎《かしわざき》や巻などで反対運動が激化します。デモや集会を開くばかりでなく、地元住民への説明会であるヒアリングを行わせないなどの実力行使もありました。

ただ、地元の意見はまとまっていたわけではなく、反対派は、まずは地域内部の誘致派と闘わなければなりませんでした。地域は二分され、親子で、親戚同士で争わなければならない状況も生まれました。大半の反対運動は、建設が予定されていた地域に限られ、全国的な広がりはありませんでした。

最初の大きな転機は、原子力船「むつ」の放射線漏れ事故だったといえるでしょう。「絶対安全」といわれた原子炉から放射線が漏れる。このことは、原発を誘致した、つまりこれから原発のすぐそばで暮らすことを決めた人々には、衝撃的であったに違いありません。「むつ」は連日報道され、建設予定地域だけでなく、反対運動は他の都市にも起こっていきました。

この広がりに対して「電源三法」が成立します。合法的に地域を〝買収〟するという法律が制定され、その結果、地域ぐるみの懐柔が進み、原発は建設されていきます。

一方で、一九七五年には、物理学者の高木仁三郎《たかぎじんざぶろう》らが中心となって、原子力資料情報室が設立されます。原子力に頼らない社会を目指し、政府や原子力関連企業から独立した立場で、調査や研究をし、政府に提言などを行っています。

一九七〇年代の後半になると、東京などで市民運動が広がりをみせ、各地の反対運動グループが連携するようになりました。誘致推進派の町長がリコールされ、建設が中止になるという出来事も起こっています。原発での事故やデータの改ざんが明るみに出るたびに、建設中止や運転停止などを求める署名が集められましたが、政府も電力会社も安全であると言い張るばかりでした。

原発反対の意識が国民に広がったのは、一九八六年のチェルノブイリ原発の事故でした。「安全である」といわれ続けた原発の危険性を、国民が知ることになったからです。

直面するエネルギー問題を抱えながらも、原発は決して安全ではないという意識が浸透していきます。こうなると、新たな原発を計画通りに建設するのが困難になります。山口県の豊北《ほうほく》、新潟県の巻町などをはじめとする多くの原発計画が、反対派の声によって中止されることになりました。

そして二〇一一年、大震災による東京電力福島第一原子力発電所の事故が起こったのです。

反原発訴訟は全敗

いくら住民が原発に反対しても、法律にのっとった形で設置許可が下りれば、建設は進められていきます。そこでとられた手段が、裁判所に差し止めを求めるというものでした。日本で最初の原発訴訟は、一九七三年の伊方《いかた》原発訴訟でした。

愛媛県にある伊方町は過疎に悩む町でした。そこで地域振興をはかるために、積極的な原発誘致活動を行います。その結果、一九七〇年、四国電力はこの伊方町に原発を建設することを決めました。

ところが、建設が始まったところで、安全専門審査会の調査が不十分であるという理由で、周辺住民三五名が異議申し立てをします。しかし内閣総理大臣によって棄却され、その内閣総理大臣を被告として原子炉設置許可処分の取消しを求める訴えを起こしたのです。

反対派が調べたところ、定数を満たしていない審査会が行われたり、地震の評価を担当した委員が一度も部会に出席していなかったり、審査会の議事録が残されていなかったりという事実が次々に判明しました。

しかし、松山地方裁判所は、そういう事実があったからといって審査がずさんであったとは限らないという判断を下し、訴えを退けたのです。原告は高松高等裁判所に控訴しますが、一九八四年に棄却判決が出されます。さらに最高裁判所に上告しますが、結果は同じでした。

一九七八年には、伊方原発二号機の増設許可取下げを求めて裁判を起こしますが、これも国の許可は違法ではないとして、請求は棄却されました。

一九八五年、福井県敦賀市に建設が決まった高速増殖炉「もんじゅ」の建設許可の無効と、建設の差し止め（後に運転の差し止め）を求めて、周辺住民が提訴しました。

この裁判での大きな点は、原発周辺の住民に裁判を起こす資格があると認められたことでした。当初は福井地方裁判所が、行政訴訟で住民に原告の資格を認めない判決を下したのですが、名古屋高裁金沢支部は、炉心から半径二〇キロ以内の住民には原告資格があると認めました。最高裁でも、同様の判決が下され、裁判は福井地裁に差し戻されて審理が再開されました。

一九九四年に「もんじゅ」は臨界を達成しますが、一九九五年にナトリウム漏洩事故が起こり、運転を停止します。福井地裁は住民側の訴えを棄却しますが、名古屋高裁金沢支部での控訴審では一転、原子炉設置許可処分の無効判決が出されます。原発訴訟において、日本で初めて住民側が勝訴したのです。

しかし、これを不服とした被告側の国は、最高裁判所へ上告。最高裁では「国の安全審査に落ち度はなく、設置許可は違法ではない」との判決に至りました。

一九九九年に起こされた志賀《しが》原発二号機訴訟でも、金沢地裁は運転の差し止めを認め、住民は勝訴しましたが、上訴審で逆転判決が下っています。数多く起こされた原発に対する訴訟で、原告が勝訴したのはこの二件だけで、しかも最終的には敗訴に終わっています。これら以外の裁判すべてで、原告である住民側の求めは退けられているのです。

柏崎刈羽原発の住民投票

原発の安全性に不安を持つ住民たちの行動は、住民投票の実施という形でも示されました。

新潟県の日本海沿いにある柏崎刈羽《かりわ》原発は、東京電力の原子力発電所です。一九六九年に柏崎市と隣接する刈羽村が誘致を決め、一九八五年に営業運転を開始しました。一九九七年から七機が運転する、世界最大規模の原子力発電所です。二〇〇七年に発生したマグニチュード六・八の新潟県中越沖地震では、三号機の変圧器から火災が発生しています。

この刈羽村で住民投票が行われたのは、二〇〇一年五月のことでした。

そもそもは一九九八年、東京電力が新潟県と柏崎市、そして刈羽村に「プルサーマル計画」の事前了承を求めたことに始まります。この計画は、通常ウラン燃料を使用している原子炉で、ＭＯＸ燃料（プルトニウム・ウラン混合酸化物燃料）を使うというものです。これに対して、燃料の安全性に問題があるという理由から、反対運動が始まりました。賛成派と反対派に町は二分されますが、一九九九年、反対派は柏崎市と刈羽村で二万七〇〇〇人近くの署名を集めて、計画の賛否を問う住民投票条例を制定するように議会に求めます。しかし、市議会も村議会もこれを否決。計画の受け入れを表明しました。

ところが同年、東海村でＭＯＸ燃料の製造中に臨界事故が起こり、また高浜原発では、ＭＯＸ燃料の検査データがねつ造されるという事件も発覚し、住民の安全への期待は裏切られることになります。

この状況の変化から、刈羽村村議会で住民投票条例が可決され、二〇〇一年五月二七日の投票実施が決まりました。

計画賛成派の「刈羽村を明るくする会」と、反対派の「原発反対刈羽村を守る会」が対立し、活発な運動が行われました。その結果、投票総数三六〇五票のうち、賛成一五三三、反対一九二五、保留一三一、無効一六、という数字で反対派が勝利したのです。

しかしこれは、あくまでも住民投票。住民がプルサーマル計画に反対している、ということを示したまでで、計画が即座に撤回されることはありません。国も東京電力も

「計画の実施に全力をあげる」と表明し、県も市も了承の取消しには消極的でした。

しかし一方で、東京電力の自主点検記録に不正があったことが原子力安全・保安院から公表され、東京電力への不信はますます高まります。二〇〇二年九月、遂に新潟県知事と柏崎市長、刈羽村村長は、プルサーマル計画の事前了承を取消すことを決めたのです。

東北地方を巨大な津波が襲った

二〇一一年三月一一日、午後二時四六分。東北地方の東の海底でマグニチュード9の大地震が発生しました。この地震は東北地方を中心に東日本全体を大きく揺らし、さらに巨大な津波を発生させました。地震の規模も非常に大きなものでしたが、東北地方の太平洋岸を襲ったこの津波は、現代に生きる我々日本人が経験したことのないほどのものでした。死者・行方不明者を合わせると、二万人近い人が犠牲になりました。

この大津波は、福島県の沿岸部も襲い、福島原発の事故を引き起こしました。

そもそも原子力発電所では、発電のために発生させた水蒸気を冷やして元の水に戻し、循環させています。この冷却のために必要なのが大量の水です。このため、原子力発電所は海水が豊富にある沿岸部に建設されます。

沿岸部に建てられるのですから、津波への対策は十分に講じられているはずだと私たちは考えていました。東京電力福島第一原子力発電所では、最大で五・七メートルの津波を想定し、海面から高さ五メートルの堤防を築いていました。さらにその内側の高さ一〇メートルの敷地に発電所が建てられていました。

ところが今回の地震で実際に襲ってきた津波の高さは一四メートル。津波は堤防を乗り越え、発電所の敷地内に大量の海水が浸入してきました。これが原子力発電所にとって最大の悪夢である「全電源喪失」を現実のものにしてしまいました。

原子炉を冷却できなくなった

地震発生時、運転をしていたのは六つある原子炉のうち一号基から三号基までの三基でした。この三基は地震の揺れを感知して、原子炉に制御棒が挿入され、核分裂は止められていました。

しかし、核分裂が収まったからといって安心はできません。核分裂によって新たに生まれた放射性物質は、放射線を出しながら別の物質に変化していきます。このときに発生するのが崩壊熱です。燃料棒の核分裂は止まっても、原子炉内では高温状態が続くのです。圧力容器の燃料棒は水に浸されていて、その水を循環させて冷却しなければなりません。

もしこの冷却がうまくいかない場合、崩壊熱で水は水蒸気となって減少し、燃料棒が露出することになります。高熱によって燃料棒を収納しているジルコニウム合金が溶け、水素が発生します。これが酸素と結合して水素爆発を起こすことにもなります。さらに高熱の燃料が圧力容器に落下すれば、圧力容器に穴が開き、放射性物質は外部に漏れ出します。これが最悪の事態である炉心溶融（メルトダウン）です。

地震発生から約一時間後、原子力安全・保安院の最初の会見で「東北地方のすべての原発は緊急自動停止し、冷却機能が保たれている」と発表しています。ところが、実際はそうではありませんでした。

冷却水を循環させるには電力が必要なのですが、地震によって外部からの電力は途絶えてしまいます。そうなれば非常用の発電ディーゼルエンジンを使って電力を確保するのですが、これが津波によって冠水。使用不能になっていました。電源喪失です。ほかにも非常用冷却装置が働かなくなったりして、何重にも備えられていたはずの冷却システムは、完全に崩壊してしまったのです。

原子炉内の水は高熱で水蒸気に変わり、圧力はどんどん高くなります。この圧力を下げ、圧力容器の破損を防ぐには、弁を開いて内部の水蒸気を逃がす、いわゆるベントという作業が必要でした。この水蒸気には当然ながら高濃度の放射性物質が含まれています。ベント作業を行えば、放射性物質が大気中に放出されることはわかっていましたが、そこまで追いつめられていたのです。

一二日には、一から三号基のすべてで燃料棒が水の上に露出したとみられています。一号基では、格納容器から漏れ出した水素が原子炉建屋の上部に集まり、水素爆発を起こしました。続いて一四日には三号基も同様に水素爆発を起こし、また二号基も圧力抑制プールで爆発が起こり、圧力容器が損傷したとみられています。

四号基については、地震発生時には運転が停止されていましたが、燃料貯蔵プールに使用済み燃料が置かれていて、ここの水も循環させることができなくなったため、結局は崩壊熱を抑えることができず、水素爆発に至りました。

原子力緊急事態宣言

当初は「すべての原発は、冷却機能が保たれている」という発表でしたが、地震から約二時間後、電源が確保できず圧力容器への注水が不能になっていることがわかり、政府は「原子力緊急事態宣言」を発令します。日本で初めてのことです。

さらに二時間以上経ってから、周辺の住民に避難指示が出されました。当初は発電所から半径三キロ以内の住民には避難の指示、三キロから一〇キロまでの住民には屋内退避の指示でした。

しかし翌一二日の未明、避難指示の対象が一〇キロに拡大され、夕方にはさらに広がって、二〇キロ圏内の避難指示、一五日には二〇キロから三〇キロ圏内は屋内退避指示になりました。二〇キロ圏内の住民は約二〇万人。これだけの人たちが、急きょ集められたバスで自宅を後にしたのでした。まるでチェルノブイリ事故の再現を見るかのような出来事でした。

東京電力や原子力安全・保安院などは口を揃えて、「想定外の地震と津波」が事故を引き起こしたと説明しました。が、果たしてそうだったのでしょうか。

この地域は過去に何度も大津波に襲われ、想定の五・七メートルという数字があまりに甘いものであると指摘した地震学者もいましたが、その声はほとんど黙殺されていました。

さらに、非常用ディーゼル発電機が原子炉より低い場所にあるという信じられない設計ミスもありました。

想定をしていないのだから、それ以上の対策は必要がない。これが「安全神話」でした。

事故後、政府のお粗末な対応が、次々に明らかになっています。しかし、これが日本の現実だったのです。とはいえ、お粗末、けしからんと言っているだけでは、解決になりません。何が問題で、どうすればよかったのか、冷徹な分析と対策が求められているのです。

コラム　ベクレルとシーベルト

シーベルトは、東京電力福島第一原子力発電所の事故のニュースで突如出現しました。唐突に出てきた印象が拭えませんが、実は過去には「レム」という呼び名の単位だったのです。また、やはり突然出てきた印象のベクレルは、かつては「キュリー」という名称でした。放射線についての研究が進むにつれ、人体が大量に浴びると悪影響があることがわかってきます。そこで、この量を測定し、人体への影響を減らすために規制しようということになります。そのための基準の単位として、放射線の研究に成果をあげた科学者の名前を使うことになりました。

かつて使われた「キュリー」は、ラジウムを発見したキュリー夫妻の名前から取られ、一グラムのラジウムが持つ放射能の単位として使われましたが、放射能を出すのはラジウムだけではありません。新しい単位の名称が必要になり、キュリー夫妻と共にノーベル賞を受賞したフランスのアンリ・ベクレルの名前を使うことにしました。ベクレルは、ウランの放射能を発見した学者です。ベクレルは、放射能の量を表す単位として使われます。

また、放射線の種類ごとに係数を定め、人体が吸収する量の単位を定めました。当初使われたのが、「レム」です。これは、「人間と哺乳動物に吸収されるＸ線の量」という意味の英単語の頭文字を並べたものでしたが、人名を使うことになり、シーベルトを採用しました。

一〇〇レムが一シーベルトです。

シーベルトとは、一九六六年に亡くなったスウェーデンの物理学者ロルフ・マキシミリアン・シーベルトです。放射線が人体に与える影響についての研究を進め、放射線から人体を守るにはどうしたらいいかについての研究で功績を残しました。

第9講

悪戦苦闘の核燃料サイクル

「トイレなきマンション」？

原子力発電所は、よく「トイレなきマンション」と称されることがあります。原子力発電所から出てくる使用済み核燃料をうまく処理しきれない状態を指しています。原子力発電所を運転すると、核分裂した残りのウラン235と、核分裂しないウラン238、ウラン238から変わったプルトニウム239、さらに各種の「核分裂生成物」と呼ばれる放射性廃棄物が出てきます。

これらの中には、半減期つまり発生する放射線の量が半分になる期間が極端に長いものが含まれます。たとえばプルトニウム239の半減期は約二万四〇〇〇年。二万四〇〇〇年経っても、まだ半分ですから、四万八〇〇〇年でようやく四分の一にしか減りません。

さらにネプツニウム237になると、半減期は約二一四万年という、気の遠くなるような長さです。ところが、話はここで終わりません。ネプツニウム237は、その後、別の核分裂生成物を経てウラン233に変化します。このウラン233の半減期が約一五万九〇〇〇年。つまり、ネプツニウムが放射線を出さない安全な物質に変化するまでには、何千万年もかかってしまうのです。

これをどのように処理するのか。原子力発電所の建設を開始する時点で、大量の放射性廃棄物が出てくることはわかっていました。建設開始時点では、その解決策は見つかっていませんでしたが、「やがて解決策が見つかるであろう」と見切り発車しました。よく言えば人類の英知に期待して、悪く言えば無責任に運転を開始してしまったのです。いま原子力発電の歴史の長い国はどこも、放射性廃棄物の処理に頭を抱えています。

核燃料をリサイクルしようとしたが

では、日本はどうなのか。日本は良質なウランが採掘できないため、全量を輸入に頼っています。つまり原子力エネルギーの自給ができません。そこで、使用済み核燃料に目をつけました。使用済み核燃料に含まれている燃え残りのウラン235と、新たに生まれるプルトニウム239を抽出すれば、再び原子力発電所で使用できるからです。いわば「ゴミのリサイクル」の発想です。

原子力発電所で使われている燃料棒は、核分裂しやすいウラン235の濃度を三%程度に高めたものです。残りは核分裂しにくいウラン238。自然界にはウラン235が〇・七％程度しかないので、濃度を高めて使います。

使用済み核燃料を、そのまま核のゴミとして処分してしまう国もありますが、日本は資源が少ないので再利用つまりリサイクルする方針をとっています。使用済み核燃料を再処理し、ウラン235とプルトニウム239を取り出しているのです。こうすると、核のゴミつまり放射性廃棄物の量を減らすこともできます。ウラン235は、再び燃料棒に加工されて再使用されます。

この核燃料サイクルは、図のような仕組みです。海外から輸入された天然ウラン鉱石は、精錬工場、転換工場、濃縮工場、再転換工場、燃料工場を経て、原子力発電所で燃料として使われます。

原子力発電所から出る廃棄物は、作業員の作業着や掃除用具などの低レベル放射性廃棄物と、使用済み核燃料です。

使用済み核燃料は、再処理工場に運ばれて、回収されたウランは転換工場へ。やはり回収されたプルトニウムはＭＯＸ燃料として加工され、再び原子力発電所で燃料になります。

使用済み核燃料を再処理してプルトニウムを取り出し、ＭＯＸ燃料に加工する過程は、これまでイギリスとフランスの工場に委託してきましたが、青森県六ヶ所村に日本原燃が二〇一八年完成を目指して工場を建設中です。

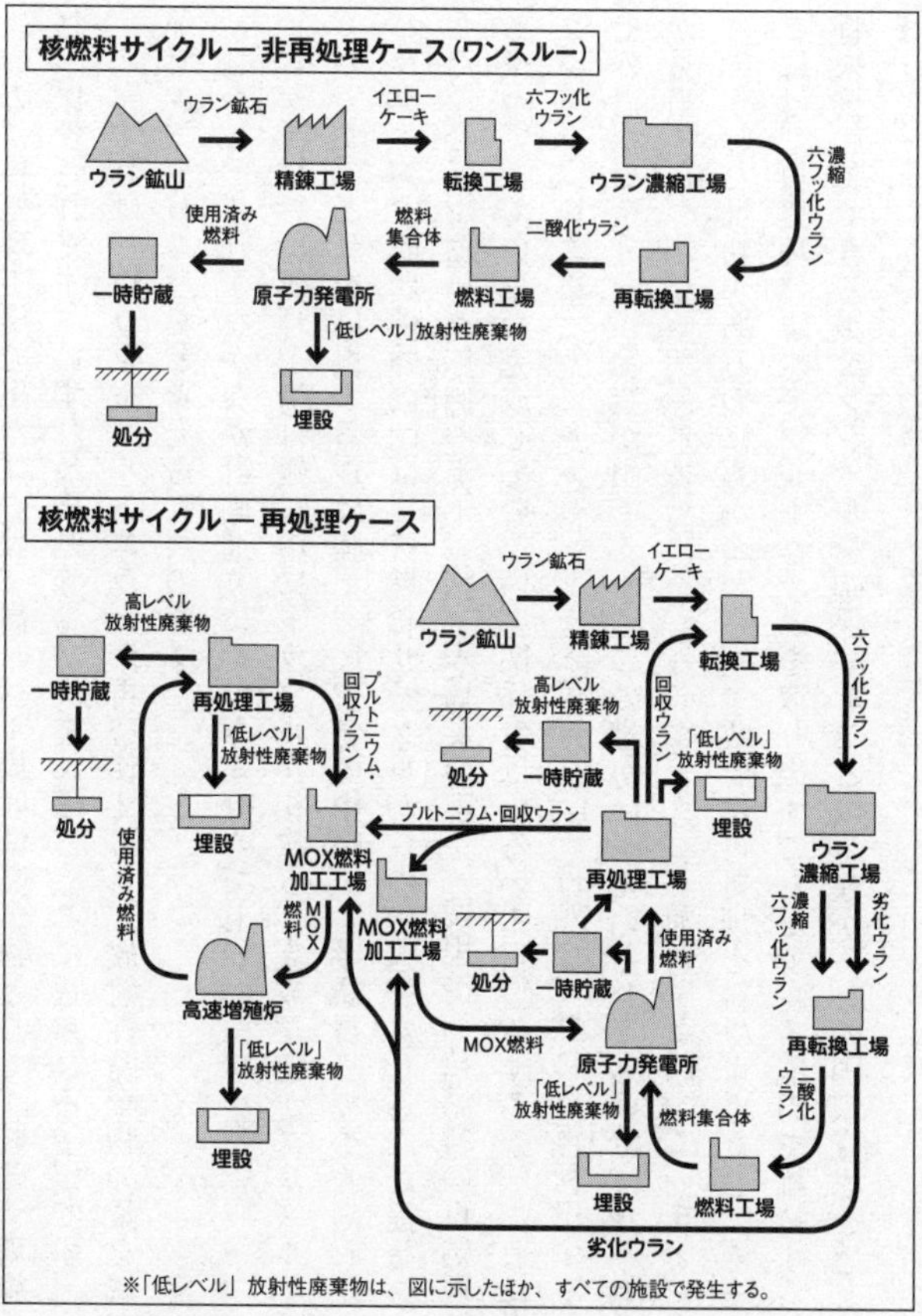

（『原子力・核問題ハンドブック』七つ森書館をもとに作成）

一方、再処理工場で出たゴミは、高レベル放射性廃棄物として、貯蔵管理施設に運ばれ、保管されます。いずれ最終処分場が決まれば、そこに送られる予定です。

こうすれば、ウランやプルトニウムが再び使えるし、放射性廃棄物の量を減らすことができ、一石二鳥だと考えられたのです。

しかし、これがなかなか計画通りにはいきませんでした。

六ヶ所村の再処理工場は建設中にトラブルが相次ぎ、完成予定がズルズルと延びているのです。これを危惧する声は強く、民主党の中堅・若手議員らでつくられた「原子力バックエンド問題勉強会」は、核燃料サイクルからの撤退を盛り込んだ提言をまとめました。会長を務めた馬淵澄夫《まぶちすみお》・元国土交通大臣は、「使用済み核燃料の再処理は何十年もやってきていまだ完成していない。関係者はいろいろ言い訳するが、これはもうフィクション（絵空事）だったと言わざるをえない」「再処理で燃料を再利用するというが、その過程で余分な核物質が出てくる。この量がいったいどれくらいで、どう処分するのか見当すらつかない」（「東京新聞」二〇一二年二月二六日朝刊）と語っています。

こうした批判があるのにもかかわらず、政府は再処理を続けようとしてきました。そこには、再処理によってプルトニウムを取り出すことができる能力を維持することが、将来核武装できるポテンシャルを確保することにつながるとの国家意思を感じてしまいます。

コラム　劣化ウラン

ウランを濃縮した残りは、劣化ウランと呼ばれます。濃度が低く、使用価値がないので「劣化」と呼ばれました。

ところが、劣化ウランは比重が大きいため、目標を貫通する銃砲弾として使われるようになりました。これが「劣化ウラン弾」です。

当初アメリカ軍は、「劣化ウランは放射線をほとんど出さないので人体への影響は低い」と説明してきました。

ところが、湾岸戦争やイラク戦争、旧ユーゴスラビア紛争で使われると、戦車などに命中した後、激しく燃焼し、粉末が飛散。吸い込んだ人が内部被曝するとして問題になっています。

コラム　フロントエンドとバックエンド

原発の建設や運転、核燃料の加工などをフロントエンドと呼ぶのに対し、使用済み核燃料や放射性廃棄物の処理をバックエンドと呼ぶ。

「もんじゅ」の挫折

使用済み核燃料から取り出したプルトニウムは、「高速増殖炉」という特殊な原子炉で使う予定になっていました。高速増殖炉とは、ウラン238とプルトニウムを一緒に燃料として使い、プルトニウムから出る放射線のスピードを高速に保つことで（高速中性子）、ウラン238をプルトニウム239に変化させます。こうすると、当初より増えたプルトニウムが生まれるという仕組みです。この仕組みから、「高速増殖炉」と呼ばれます。「プルトニウムを使えば使うだけ増える」という、夢の原子炉と考えられました。

一九九四年、動力炉・核燃料開発事業団（動燃）が福井県敦賀市で運転を開始した高速増殖炉は、「もんじゅ」と名づけられました。「文殊菩薩《もんじゅぼさつ》」から来た名前です。ところが、運転開始の翌年、冷却材として使われているナトリウムが配管から漏れて火災となり、運転が停止しました。

このとき動燃が事故対応に遅れたり、事故を隠したりしたことから強い批判を浴び、動燃は、日本原子力研究開発機構に改組されました。

二〇一〇年五月に運転が再開されましたが、その後も事故が相次ぎ、同年八月には、炉内の燃料を交換する設備（炉内中継装置）を吊り上げる作業中に設備が落下し、運転が停止したままになっています。

この結果、プルトニウムを使う「もんじゅ」は運転が止まっているのに、使用済み核燃料を再処理してできたプルトニウムはイギリスやフランスから届き、プルトニウムはたまっていくばかりです。

プルトニウムは原爆の材料になりますから、「日本は核兵器を製造しようとしているのではないか」と海外から疑惑の目で見られる可能性があります。そこで日本政府は「余剰プルトニウムを持つことはしない」と世界に公約しています。

では、余ったプルトニウムをどう処理するのか。「ウランと一緒に燃料として使ってしまおう」と計画されました。これが「プルサーマル」です。

プルトニウムも、ゆっくり核分裂させれば、ウラン２３５と同じように高い熱を発するからです。しかもプルトニウムを使う分、ウラン２３５を使わないで済みますから、燃料の節約になります。

プルサーマルとは、プルトニウムとサーマルリアクター（軽水炉）を合成した和製英語。軽水炉の軽水とは、普通の水のことです。

使う燃料は、ＭＯＸ燃料と呼ばれます。ＭＯＸとは英語の「混合酸化物燃料」の頭文字をつなげました。通常のウラン燃料棒のウラン２３５の代わりに、プルトニウムを四

％ないし九％程度使います。

今回事故が起きた福島第一原発でも、三号機がプルサーマルでした。五四八個の核燃料集合体（燃料棒を束ねたもの）のうち、三二個がＭＯＸ燃料です。

福島第一原発以外に、九州電力の玄海《げんかい》原子力発電所、四国電力の伊方原子力発電所、関西電力の高浜《たかはま》原子力発電所などでもＭＯＸ燃料が使われています。

溜まり続ける使用済み核燃料

原子力発電所から出た使用済み核燃料は、再処理工場に運び出されたもの以外は、発電所の敷地内に保管されています。この量が全国ですでに一万トンを超えています。

さらに、国内の原子力発電所から出る使用済み核燃料の量は年間一〇〇〇トン以上。福島第一原子力発電所の事故以来、各地の原発は次々に運転を停止していましたが、運転再開が続けば、いずれいっぱいになることは明らかです。

各地の原発から持ち込まれる使用済み核燃料の貯蔵施設が六ヶ所村にありますが、全体で三〇〇〇トンに対して、すでに二八〇〇トンあまり貯蔵されています。まもなく満杯の見通しです。

そこで、東京電力と日本原子力発電から出た使用済み核燃料の中間貯蔵施設が青森県むつ市に建設されている最中です。中部電力に関しては、運転を停止した浜岡《はまおか》原子力発電所の敷地内に施設を建設する計画です。

でも、これだけでは到底足りません。再処理して量を減らす必要があるのですが、前記の通り、工場建設は難航しています。

また、この工場が完成して運転を開始しても、処理できる量は年間八〇〇トン。間に合いません。もう一か所施設をつくらなければならないのです。果たして、それが可能でしょうか。

最終処分をどうする?

問題は、まだまだあります。

再処理で出てくる高レベル放射性廃棄物の落ち着き先である最終処分場の場所が、まだ決まっていないのです。

原子力発電を始めれば、高レベル＝高濃度の廃棄物が出てくることはわかっていたこと。見切り発車だったのです。

燃料を使えば廃棄物が出る。食べれば出てくるものがある。でも、処理する場所がない。そこで、日本の原子力発電は、「トイレのないマンション」のようなものだと批判を受けてきたのです。

最終処分の方法としては、日本を含め世界各国とも「地層処分」を考えています。つまり地中深く埋めてしまうのです。

最終処分場の候補地として、北海道の幌延町《ほろのべちょう》が話題になったこともありましたが、地元の反対運動により、構想は具体化していません。

高レベル廃棄物は、特殊なガラスに封じ込めて（ガラス固化体）、三〇年から五〇年かけて冷やした後、地下三〇〇メートル以上の地層に埋める（地層処分）計画です。政府は、二〇三三年から二〇三七年にかけて建設を始めたい考えですが、場所が決まらなくては話になりません。

実は原子力発電所を運転している世界各国とも、最終処分場の場所選定には頭を痛めています。どこの国も、見切り発車していたのです。

高レベル放射性廃棄物をガラス固化体にする作業が始まれば、毎年一〇〇〇本程度のペースで固化体が生まれます。この費用は、四万本（四〇年分）で約三兆円と見積もられています。気の遠くなるような時間と費用がかかるのです。

さらに、今後は事故を起こした福島第一原発の原子炉を廃炉にし、解体した大量の放射性廃棄物を処理しなければなりません。いったいどこに持っていけばいいのでしょうか。

コラム　ワンスルー

使用済み核燃料を再処理しないでそのままガラス固化体にして、地中に保管する方法をワンスルーと呼びます。つまり一方通行です。

これだと再処理コストがかからず、処分される放射性廃棄物は放射能の低いウラン238が大部分を占めるために、高レベル放射性廃棄物の処理より容易だとの考え方もあります。日本でも、再処理は諦め、ワンスルーにすべきだという意見もあります。

コラム　海洋投棄が行われていた

福島第一原発の事故に伴って、汚染された水を海に放出し、各国から批判を浴びましたが、かつて核開発の初期には、各国が放射性廃棄物を海洋投棄していました。海に捨てれば、薄まって問題なくなると考えたのです。

アメリカは一九四六年から海洋投棄を開始し、日本を含む各国が実施していましたが、一九七五年に高レベル放射性廃棄物の海洋投棄が禁止され、一九九三年には、高レベルに限らずすべての放射性廃棄物の海洋投棄が禁止されました。

しかし、ロシアはソ連時代から古くなった原子力潜水艦の原子炉などを日本海に投棄していたことが一九九三年に判明。問題になりました。

フィンランドで地層処分始まる

世界各国が高レベル放射性廃棄物の最終処分に困っている中で、先端を走っているのが、北欧の国フィンランドです。

フィンランド議会は、二〇〇一年五月、原子力発電所から出る使用済み核燃料の最終処分場をオルキルオト島に設置することを決めました。最終処分場を決めた世界最初の国になったのです。

また、二〇〇九年六月、スウェーデンも、フォルスマルクという場所に最終処分場を建設することを決めています。現在までのところ、世界で決まっているのはこの二か所だけです。実はアメリカも、いったんは最終処分場を決めていました。場所はネバダ州の連邦政府の土地であるユッカマウンテンでした。ラスベガスの北西約一六〇キロに位置し、かつての核実験場に隣接しています。一九八七年に、この場所が候補地となり、建設が進められてきましたが、二〇〇九年、オバマ政権が中止を決定。以後、新たな候補地は決まっていません。

フィンランドには四基の原子炉が運転中で、使用済み核燃料は再処理せずに、そのまま地中に埋める計画です。

「オンカロ最終処分場」（オンカロとはフィンランド語で「隠し場所」）は、安定した岩盤を地下五二〇メートルまで掘り進み、二〇二〇年をめどに運用を開始。その後一〇〇年にわたって国内で出る使用済み核燃料を埋設し、いっぱいになったところで坑道を埋め戻して完全に閉鎖します。

使用済み核燃料に含まれるプルトニウムの半減期は、前記のように約二万四〇〇〇年ですから、人体に影響のないレベルにまで放射線量が減るのは一〇万年後。それまで安全に管理することが求められます。

しかし、いったい一〇万年後には、どんな世界が待っているのか。一〇万年後の子孫に対してまで責任を持てる処分方法が要求されるのです。

コラム　未来の人類にどんな警告を？

オンカロ最終処分場建設のドキュメンタリー映画『100，000年後の安全』は、監督が、関係者に、「一〇万年後の人々に、この場所が危険であることをどうやって知らせるのか」を問いかけます。未来の知的生物たちは、いまの私たちの言語を理解できないかもしれない。そうした人たちに、ピクトグラム（絵記号）で伝えるか、その場合は、どんな図柄にするかが、真剣に話し合われます。まるでSF映画です。

この映画は、二〇一〇年の国際環境映画祭（パリ）でグランプリを受賞しました。

モンゴルでの処分計画発覚

核の処分場建設が国際問題になることもあります。二〇一一年五月九日、毎日新聞は、「モンゴルに核処分場計画」との特ダネ記事を掲載しました。
「経済産業省が昨年秋から米エネルギー省と共同で、使用済み核燃料などの世界初の国際的な貯蔵・処分施設をモンゴルに建設する計画を極秘に進めていることがわかった」との書き出しです。

毎日新聞の報道によると、この交渉は二〇一〇年九月から始まったそうです。アメリカも日本も、核廃棄物の処分場探しに困っています。そこで、人口密度が低く、広大な草原が広がるモンゴルに目をつけたというわけです。

一方、モンゴルも、ロシアと中国の狭間にあって、独自の経済発展を模索しています。今後の経済発展には、原子力発電が魅力です。日米の核廃棄物処理場を受け入れれば、日米から最新鋭の原子力技術を導入することができると計算しました。

しかし、二〇一一年三月の東日本大震災以降、交渉は止まっているという記事でした。これは極秘の交渉で、毎日新聞が報道するまで、モンゴル国内でもほとんど知られていない計画でした。報道後、モンゴルでは反対運動が高まり、同年九月、モンゴル政府は計画を断念しました。

こうした核処分場の計画は、二〇〇二年にもオーストラリアに存在しました。オーストラリアの南部から西部にかけての広大な土地の地下五〇〇メートルに二〇平方キロの処分場を建設し、世界の使用済み核燃料の三割強にあたる七万五〇〇〇トンを埋蔵するというものでした。

しかし、これも計画が発覚すると、世論が反発。結局計画は断念されました。

後のことは考えずに原子力発電所を建設し、運転を開始したけれど、核のゴミの処理に困り、外国に捨てる場所を探す。原子力業界の無計画で身勝手な体質は、いずこでも同じなのだということを教えてくれます。

でも、嘆いてばかりもいられません。日本でも核のゴミは増え続けているのですから。外国に押し付けるな、自国で処理しろと言われた場合、さて、日本はどうすればいいのでしょうか。

第10講

原発に未来はあるか？

「脱原発」か「反原発」か

東日本大震災で発生した東京電力福島第一原子力発電所の事故。多数の住民が避難を余儀なくされ、放出・飛散した放射性物質でパニックが引き起こされたり、農産物の風評被害が起きたりと、その被害は甚大なものでした。

原子力発電所は、安全点検のため、一三か月ごとに一時運転を止めることになっています。しかし、これだけの事故が起きた後では、いったん運転を停止した原発を再稼働することは困難です。そうこうしているうちに、日本中の原発は、次々に止まってしまいました。「脱原発」か「反原発」か、などと言っているうちに、自動的に「脱原発」になってしまったのです。

では、これからどうするのか。原発をすべて廃炉にするのか。「脱原発依存」ということで、原発への依存度を少しずつ減らしていくのか。それとも、安全性を確認しながら、再び運転を始めるのか。

それは結局のところ、私たちが原子力とどう向き合えばいいのかを問いかけているのです。最後の講では、その点について考えてみましょう。

原発大増設のはずだったが

福島第一原発の事故が起きるまで、日本の政府は、原子力発電の比重を高めていく方針でした。これは、過去の自公連立政権でも、政権交代した後の民主党政権でも変わりません。

民主党政権になった後の二〇一〇年六月、政府は、エネルギー基本計画を閣議決定しています。この基本計画は、三年ごとに見直しているもので、「エネルギー安全保障」の観点や温暖化対策の推進のため、原子力発電所の増設を打ち出しています。二〇二〇年までに原子炉を九基、二〇三〇年までに計一四基以上増設する計画でした。また、原発の運転効率を高めることで、これまで三割だった原子力発電の割合を五割近くまで高めることが謳われていました。

二〇〇九年九月、発足間もない鳩山政権は、国連の場で、二〇二〇年までに温室効果ガス（二酸化炭素など）を一九九〇年に比べて二五％削減すると公約していましたから、これを実現するためのものでした。

原子力発電は、火力発電などと異なり、発電の際に二酸化炭素を排出しないクリーンなエネルギーだと考えられていたからです。

実は鳩山総理の国連演説は、「すべての主要国による公平かつ実効性ある国際的枠組みの構築及び意欲的な目標の合意を前提」にしていました。つまり「アメリカや中国、インドも削減目標を守ると合意しなければ日本はやらないよ」との意味でしたが、国際的には「日本は二五％も削減するのだ」と数字が一人歩きしていました。

しかし、原発事故により、原子炉増設は困難になりました。原発に頼ったエネルギー基本計画は実行不可能なものになったのです。

事故を受けて、二〇一一年、菅直人《かんなおと》首相は、「脱原発」を言い出しました。後任の野田佳彦《のだよしひこ》首相は、これを「脱原発依存」と微妙に言い換えましたが、日本という国家のエネルギー政策は抜本的に見直さなければならなくなったのです。

コラム　「安全」も盛り込まれていた

エネルギー基本計画の前文には、次のような文章がありました。

「テロや地震などのリスクは減じておらず、エネルギーの輸送・供給や原子力などについては一層の『安全』確保が求められていく」

これを読むと、地震のリスクに対して原子力の安全確保に努めると書いてあるのですが……。

「エネルギーミックス」の考え方

では、どのような方向性が考えられるのか。あらためて基本計画を考える経済産業省の総合資源エネルギー調査会は、二〇一一年一二月、「論点整理」を行いました。「望ましいエネルギーミックス」として四点が提示されました。

1　省エネルギー・節電対策を強化すること。
2　再生可能エネルギーの開発・利用を加速させること。
3　環境への影響を考えながら天然ガスなどの化石燃料を有効に活用する。
4　原子力発電への依存度をできる限り低減させる。

その上で、「反原発」と「原発推進」の「二項対立を乗り越えた国民的議論を展開する」として、次のような論点が整理されて提示されています。

「反原発」の立場からは、「我が国が直面する地震や津波のリスク、事故が起きた時の甚大なコストや苦しみ、地域経済の崩壊や環境への被害、不十分な安全管理技術や老朽化によるリスク、国民の暮らしの安心と安全、未解決で後世に負担を先送りかねない放射性廃棄物の処分問題、国民の多くの声などを踏まえ、できるだけ早期に撤退すべきとの意見が少なくなかった」

その一方で、「原発容認」の立場からは、「原子力政策は抜本的見直しが必要であるものの、エネルギー安全保障の観点並びに原子力平和利用国としての国際的責任を果たすための技術基盤と専門人材の維持、さらには技術とともに進化してきた人類としての文明史的自覚の観点から、我が国の安全にも直結する他国での原子力発電の安全性確保に貢献するためにもやはり戦略的判断として一定比重維持すべきという意見も少なからず出された」

さらには、「資源小国の日本としてエネルギーの選択肢を安易に放棄してよいのかという問題提起」や、「安全規制等の進捗を見極めるべきで、性急にどちらかの結論を出す必要はない」といった意見も出たというのです。

また、核燃料サイクルについても対立する意見が紹介されています。

「核燃料サイクルについては、度重なるトラブルや計画変更、コスト拡大、未《いま》だに決まっていない高レベル放射性廃棄物の最終処分地といった実態を直視し、サイクル路線は放棄すべき」

「ウラン資源の有効活用、廃棄物の削減効果、世界の技術や核セキュリティ等への貢献の観点から、核燃料サイクルは推進すべき」

このように論点を整理した上で、「こうした幅広い意見を踏まえ、我が国の将来を真剣に考えた建設的な議論を今後も進めていく」と記しています。

いま日本国内で出ているさまざまな意見を集約すると、おそらく、このようなものになるのでしょう。しかし、これらの論点を、多くの国民が納得する政策にまとめていくのは、容易なことではありません。

さらに、原発依存度の低減となりますと、これまでの日本政府の方針に大きな影響が出る分野があります。それは、「原発の輸出政策」です。

原発輸出を目指した日本政府

日本政府は、経済政策として、原発輸出を推進する立場をとってきました。

一九九〇年、「アジア地域原子力協力国際会議」が開かれ、日本は近隣アジア諸国との原子力分野での協力を推進することになりました。要は「原子力技術を売っていく」ということです。この会議は一九九九年に「アジア原子力協力フォーラム」に衣替えして続いています。

それまで原子力技術を海外に売ったり、プラントを受注したりすることは個別の企業が展開していましたが、世界中で新たに原発導入を検討する新興国が増えている現状から、「オールジャパン」の体制で臨むべきだとの意見も出るようになりました。

その結果、二〇〇九年三月に、日本原子力産業協会の内部に官民協力組織である「原子力国際協力センター」が設置されます。

さらに、二〇一〇年一〇月、「国際原子力開発株式会社」が設立されました。これは、東京電力など電力会社九社と三菱重工業、日立製作所、東芝のメーカー三社、産業革新機構が出資した「オールジャパン」の国策会社です。官民一体となって、新興国での原子力発電所の建設を受注しようというわけです。

二〇一一年九月には、ベトナム電力公社と原子力発電所建設に関する協力の覚え書を結んでいます。日本で原発事故が起きても、日本の原発技術が輸出されることになるかと思われましたが、二〇一六年にベトナムは原発国家建設計画を白紙撤回しました。

ここからは、新たな問題が出てきます。長期のデフレにあえぐ日本経済を活性化するため、日本は、自動車や電気製品などを輸出するだけでなく、新幹線や原子力発電所のような社会インフラ（社会的な基盤）を積極的に海外に売り込むべきだとの方向が打ち出されてきました。

このうち新幹線に関しては、創業以来、人身事故ゼロという輝かしい記録を誇っていますから、日本が胸を張って売り込んでいい技術でしょう。

では、原発はどうなのでしょう。日本で深刻な事故を起こしておきながら、「日本の原発は安全です」と、海外に売り込めるものなのでしょうか。確かに、「津波さえなければ日本の技術は世界最高レベル」なのかもしれませんが、日本国内で「脱原発を」との声がある中で、海外には売るというのは、方針としていかがなものなのでしょう。

それとも、「深刻な事故を経験して、日本の原発技術は一層安全なものになりました」という売り込み方が可能なのでしょうか。

原子力発電のコストは安いのか

これまで原子力発電を推進してきた人たちは、原子力発電のコストの安さを強調してきました。しかし、福島原発の事故以来、このコスト計算に対する疑問も出ています。

『平成二一年版エネルギー白書』によると、一キロワット時あたりの発電コストは以下のようになっています。

原子力	5〜6円
火力	7〜8円
水力	8〜13円
風力	10〜14円

地熱　8〜22円
太陽光　49円

これだけを見ると、原子力発電が一番経済的だということになります。

しかし、立命館大学の大島堅一《おおしまけんいち》教授は、著書『原発のコスト』の中で、発電コストには「発電事業に直接要するコスト」の他に「政策コスト」も加えるべきと述べています。「発電事業に直接要するコスト」について、電力各社が公表している有価証券報告書のデータをもとに計算したところ、一九七〇年から二〇一〇年までの四一年間で、原子力は一キロワット時あたり八・五三円、火力は九・八七円、水力は七・〇九円（一般水力は三・八六円、揚水は五二・〇四円）だったといいます。原子力のコストは水力を上回ることになります。

また「政策コスト」とは「国家財政から特定の政策目的のために支出されるコスト」を指し、具体的には「技術開発コスト」と「立地対策コスト」があります。

原発の場合、前者は核燃料サイクルの中心である高速増殖炉の研究開発費など、後者は文字どおり発電所立地地域への交付金などを指します。これらのコストを合計して発電量で割って発電コストを計算し直すと、原子力は一〇・二五円、火力は九・九一円、水力は七・一九円になります。原子力は水力ばかりでなく、火力よりも高コストになるのです。

さらに、原発はひとたび事故を起こせば、損害額がきわめて大きくなるのは、今回の事故を見れば明らかです。これほどの事故になってしまうと、コスト計算できるレベルではなくなってしまいます。

「脱原発」は可能なのか

できることならば、原子力発電所に頼りたくない。これは多くの国民の率直な気持ちでしょう。しかし、現実問題としては、どうなのでしょうか。

二〇一二年一月、政府は国内の原発を運転開始から四〇年で廃炉にする方針を示しました。これが実現すれば、現在ある五四基の原発（廃炉が決定している福島第一原発の四基を含む）のうち、二〇二〇年までに一八基、二〇三〇年までに計三六基が廃炉になります。

問題は、その後の電力をどう確保するかです。石油や石炭、天然ガスによる火力発電に大きく依存するようになると、燃料費はかさみ、電力料金は値上がりし、国民生活にも産業にも大きな打撃を与えるでしょう。

それに、火力発電は二酸化炭素を大量に排出します。二酸化炭素排出削減の国際公約は守れそうもありません。

となると、再生可能（自然）エネルギーの割合を高めなければなりません。それが、果たして可能なのでしょうか。

実は二〇一〇年に環境省が行った「再生可能エネルギー導入ポテンシャル調査」によれば、日本では太陽光発電で二億キロワット（家庭用の五〇〇〇万キロワットを含む）、風力発電で実現可能な陸上・浅い海上を合わせて一九億キロワットの発電が可能であると試算しています。

この環境省の調査によれば、太陽光と風力だけで十分に電力を賄えるという計算になります。

さらに、地熱エネルギーの利用があります。日本では現在一八か所で地熱発電が行われています。その総計は五〇万キロワットを超えていますが、地熱発電先進国のアイスランドにはかないません。

私は二〇一二年二月、アイスランドの地熱発電の現状を取材しました。この国では、全体の二六％が地熱発電で発電されています。地熱発電に力を入れることで、火力発電はやめてしまいました。もちろん原子力発電もありません。アイスランドは、日本と同じ火山と温泉が豊富な国。地下のマグマで熱せられた地下水の水蒸気を地上に誘導することでタービンを回し、発電しています。ここで使われている発電機は、いずれも日本製。日本は世界トップレベルの発電技術を持っているのですが、それが十分に生かされていない現実があります。

日本全体の地熱エネルギーの総量は原子力発電所二〇基分の潜在能力があるともいわれますが、活用できないでいます。その主な理由は二つあります。ひとつは、地熱発電所の建設に適した場所の多くには、すでに温泉街が形成されているということです。地熱発電で地下の水蒸気を取り出すと、既存の温泉が枯れてしまうのではないかと温泉街が反対するのです。

もうひとつは、地熱がある場所の多くが国立公園に指定されていることです。国立公園の中では開発が規制されているのです。

しかし、福島原発の事故以降、環境省と経済産業省の話し合いにより、地熱発電に関する規制緩和の動きが始まっています。福島県内に大規模な地熱発電所を建設する計画も具体化しつつあります。今後、日本の地熱発電が徐々に広がっていくことは間違いないでしょう。

不安の声も

しかし、再生可能エネルギーは夢のエネルギーというわけにはいきません。地熱発電は安定したエネルギーが確保できますが、太陽光や風力は、お天気次第の不安定なものだからです。

太陽光発電に関しては、大量のパネルが屋上に設置されるようになってきましたが、今後、このパネルが耐用年数を過ぎたときは、大量の廃棄物が生じます。この処理と交換には多額の費用が発生します。

また、各地に風力発電用の風車が建設されることにより、周辺地域での公害問題も発生しています。低周波騒音による住民の健康被害が報告されているからです。

ヨーロッパのような風力発電先進国では、日本ほど人口密度が高くないので、人家から離れた場所に設置できますし、オランダのように遠浅の海があれば、陸地から離れた場所に設置できます。こうした地域は、常に一定の風が吹いていて、風力発電も安定した電力を供給できますが、日本はそうもいかないのです。

さらに、風力発電などの新規送電線網の整備や、電力需要が低いときの対策、悪天候の際のバックアップ施設などに莫大な設備投資が必要になり、コストが引き合わないと批判する専門家もいます。現実的な議論が必要なのです。

原発の未来はどこに

二〇一一年三月まで、世界は「原子力ルネッサンス」と呼ばれるほど、原子力発電所建設ブームに沸いていました。新興国を中心に、経済発展に伴って電力不足が深刻になってきたからです。

日本原子力産業協会が二〇一一年一月一日現在でまとめたデータによりますと、運転中の原子力発電所は四三六基。建設中は七五基、計画中は九一基にのぼります。

世界で原子力発電所が一番多いのはアメリカで一〇四基。続いてフランスの五八基、そして日本の五四基となっています。

ここまでは先進国ですが、新興国の建設計画が目白押しです。ロシアは既存の二八基に加えて、建設中が一一基、計画が一三基で、完成すれば一気に五二基になります。

中国は、既存が一三基であるのに対し、建設中が三〇基、計画が二三基で、まもなく日本とフランスを抜いて世界二位の原子力大国になる勢いです。

計画中の国には、アラブ首長国連邦の名前もあります。石油輸出国であっても、将来のエネルギーを考えて、原子力発電所の建設を計画しているのです。

さらにアラブ諸国の場合、イランが核開発を進めていることが脅威になっているという事情もあります。歴史的に、アラブとペルシャ（イラン）は対立・抗争を繰り返してきました。イランの核開発は、イスラエルにとってだけでなく、周辺のアラブ諸国にも見過ごせない問題なのです。イランが核武装する可能性がある以上、アラブとしても、将来いざとなれば短期間で核兵器を持てるように、その準備だけはしておこうとの意図が見え隠れしています。

その一方で、福島原発の事故を境に、脱原発の方針を打ち出した国々もあります。

欧州諸国、脱原発に舵を切る

福島の事故を受け、いち早く方針転換を打ち出したのが、ドイツでした。

ドイツ政府は、福島の事故の三か月後の二〇一一年六月、国内にある一七基の原子力発電所すべてを、二〇二二年までに廃止することを決定しました。

ドイツはもともと、反原発を掲げる環境政党「緑の党」と連立を組んでいた中道左派のシュレーダー政権が、二〇〇二年、原発を二〇二二年までに全廃する方針を、いったん打ち出していました。

これに対して、政権交代を果たした中道右派のメルケル政権は、二〇一〇年九月、この方針を転換。風力発電や太陽光発電など代替エネルギーの普及が進むまで、最長で一四年間の原発運転の延長を決めていたのです。現実路線への転換でした。

ところが、福島の事故直後に行われた州議会選挙で、与党は惨敗。「脱原発」を主張した緑の党が躍進しました。これが、メルケル首相の決断につながったのです。

ドイツは、ヨーロッパでも国民の環境への意識が高いことで知られています。チェルノブイリ原発事故で、放射能の雲が上空を通過し、食べ物の放射能汚染が問題となって国内でパニックが起きたことがトラウマになった経験もあって、原発には神経質になっているのです。

脱原発の動きは、さらにヨーロッパで広がります。スイス政府も同年五月、国内に五基ある原子力発電所を二〇三四年までに全面停止する方針を発表しました。

スイスは電力の四割を原発に頼っているため、直ちに原発の運転を止めることはせず、耐用年数を迎えた原発を廃止した後、新規の建設はしないことで、徐々に脱原発を図る方針です。このため、実際に原発が止まり始めるのは二〇一九年以降になります。

オーストリア政府も、完全な脱原発を打ち出しました。オーストリアは、過去には原発推進でしたが、一九七八年に完成した最初の原発の運転開始を認めるかどうかの国民投票が行われた結果、小差ながら運転開始案は否決。完成した原発は、運転しないままです。

これを機会に、政府は新規の原発建設計画を断念。国内での原発建設を禁止する法律が制定されました。さらに一九九九年には、憲法に原発建設禁止が明記されました。

ところが、実はオーストリア国内で消費する電力のうち六％は、近隣諸国の原発で発電された電力を輸入しています。福島の事故以降、自国は原発を禁止しながら、他国の原発の電気を輸入するのは偽善ではないかという世論が高まり、政府は、二〇一五年までに、原発による電力の輸入に頼らないという方針を打ち出しました。

さらに、原発再開の政府の方針に国民投票で「ノ」（NO）を突きつけたのは、イタリア国民でした。二〇一一年六月、原発再開の是非をめぐる国民投票が実施され、反対が圧倒的多数を占めたのです。

イタリアは、かつて四基の原子力発電所を保有していましたが、チェルノブイリ原発事故を受けて原発廃止に方針転換。一九九〇年までに順次、原発を閉鎖しました。

しかし、慢性的な電力不足に悩まされ、電力の約一五％をフランスから輸入している状態のため、ベルルスコーニ首相は原発再開の方針を表明。二〇一三年から原子力発電所四基の建設を開始する方針を打ち出し、二〇一一年六月の国民投票で政府の方針を承認してもらう手はずでしたが、国民は、それを認めなかったのです。

フランス、アメリカ、方針変わらず

しかし、ドイツやイタリアが脱原発に舵を切っても、方針を変えないのがフランスです。

フランスは、一九七三年の第一次オイルショックをきっかけに、原子力発電重視の政策を打ち出しました。全電力の八割近くを原子力発電によってまかない、周辺諸国に電力を輸出しています。

また、フランスには世界最大の原子力産業の複合企業アレバ社が存在します。福島の事故の直後、サルコジ大統領と共にアレバ社のアンヌ・ロベルジョン社長（当時）が来日し、事故収束への協力を申し出ています。サルコジ大統領は、抜け目なく「フランスの原発は安全」だとアピールしました。フランスは、原発技術の輸出で外貨を稼ぐことが国策です。日本の事故の収束に協力することで、フランスの技術の優位性を宣伝し、原発導入を検討している諸国へアピールをしたのです。

原発推進の方針に変わりがないのはアメリカも同じです。二〇一〇年、オバマ大統領は、「安全でクリーンな新世代原子力発電所の建設」を打ち出しました。

アメリカでは、一九七九年のスリーマイル島事故以来、原子力発電所の建設はストップしたままでした。しかし、ブッシュ元大統領が、エネルギー産業の後押しを受けて、原発建設再開の方針を打ち出していました。

オバマ前大統領も、地球温暖化防止対策を進める上で、二酸化炭素を出さない原発の建設が必要だという態度をとっていたのです。

そして、日本は？

さて、そして日本です。日本は、どの方向に進めばいいのか。後になって、「あのときの事故を境に、日本は大きく生まれ変わったのだ」と後世から評価してもらえることができるのか。

それは、これからの私たちの行動にかかっているのです。

ここで私は、安易に自分の意見を言うことは控えておきます。考えて判断すべきなのは、あなただからです。

おわりに

この本は二〇一二年に発売された書籍を文庫にしたものです。その時点で東京電力福島原子力発電所の事故の収拾の見通しは立っていませんでしたが、それから五年経《た》っても、状況はあまり変わっていません。

東京電力の事故をどう総括するか。事故後に発足した四つの事故調査委員会が、それぞれ報告をまとめています。四つの調査委員会とは、東京電力によるもの、政府によるもの、国会のもの、それに民間組織が検証したものです。

このうち東京電力の「福島原子力事故調査委員会」は、津波想定について、その時々の最新知見をふまえて対策を施す努力をしてきたが、結果的に甘さがあり、津波に対抗する備えが不十分であったことが根本的な原因だと述べています。自社が起こした事故を自社で総括することの難しさを示す報告です。「結果的に甘さがあり」という甘いまとめになっています。

これに対して政府の「東京電力福島原子力発電所における事故調査・検証委員会」は、

直接的には自然災害に起因するものの、事前の事故防止対策、防災対策、事故後の現場対処、発電所外の被害拡大防止策などについて、問題点が複合的に存在したと指摘しています。「直接的には自然災害に起因」と記すなど、自然災害に大きな原因を押し付けたい意図が透けて見えます。

一方、国会の「東京電力福島原子力発電所事故調査委員会」によると、安全についての監視・監督機能が崩壊しており、事故は「自然災害」ではなく「人災」であるという結論に至っています。上記の二つに比べて、一段と厳しい態度を取っています。

また、民間による「福島原発事故独立検証委員会」は、事故は極めて「人災」の色が濃いとし、東京電力が事故への備えを怠ってきたことを指摘して、それを許容した規制当局の責任も東電と同じだと結論付けています。当然の結論でしょう。

汚染水はたまり続ける

事故の後も、汚染水はたまり続けています。原子炉の下を通る地下水が汚染されてしまうため、東京電力は、この汚染水が海に流れ出さないようにタンクに貯《た》めています。原子力発電所内の敷地の森林を切り出して広い空き地を作り、ここに貯水タンクを組み立てて貯水しています。

しかし、汚染水は増え続けるばかり。その量は八〇万トンに迫る勢いです。そこで東京電力は、地下水が原子炉建屋の地下へ流れ込まないようにする対策を立てました。周囲の地中にパイプを埋め込み、冷却材を循環させて土壌を凍らせ、「凍土遮水壁」を作るというものです。

遮水壁の距離は約一・五キロ。これだけ大規模な凍土壁を作り出すのは例がありません。費用は約三四五億円もかかる上、今後の維持費としても年間十数億円もかかります。東京電力は、遮水壁の効果がだいぶ出てきたと説明していますが、完璧なものにはなっていません。

汚染水は放出するのか

貯めた汚染水はどうするのか。東京電力は、汚染水を六二種類の放射性物質を除去できる「多核種除去設備」で処理していますが、このうちトリチウムだけは原理的に除去できないのです。

実はトリチウムは宇宙線によって自然界にも存在します。また、世界各地の原子力施設からも海に放出されているのです。こうしたことから原子力規制委員会は「安全上問題ない」として処理水を海洋放出すべきだという立場です。

しかし、地元の漁業関係者は風評被害を心配して反対しています。このままでは、いずれ発電所の敷地に限界が来ます。それまでにどんな対策を取ることができるのか。こちらは時間との戦いになっています。

それでも再稼働

事故の後、次々に運転を止めた原子炉でしたが、その後、徐々に再稼働に踏み切る原子炉が出ています。

二〇一三年六月、原子力規制委員会は、東京電力福島第一原子力発電所事故を受けて見直していた原子力発電所の新規制基準を正式に決定。七月に施行されました。

この新基準に基づく審査に合格し、再稼働を始めた原子炉（商業用）は、二〇一七年一〇月の時点で、関西電力の高浜原発の三号機と四号機、九州電力の川内原発の一号機と二号機の四基です（四国電力の伊方原発三号機は定期検査中）。

事故を起こした原子力発電所のうち一号炉は営業運転を始めて四〇年が経っていました。事故を受けて、二〇一二年の原子炉等規制法の改正で、原子力発電所は運転開始から四〇年経た時点で廃炉にすることが原則とされました。

しかし、特別な条件を満たした場合、一度に限ってさらに二〇年の運転が認められることになりました。つまり最長で六〇年の長期にわたる運転が可能になったのです。

ここで安倍政権のエネルギー政策に矛盾が生まれます。二〇一五年、政府は二〇三〇年における電源構成について、原子力二〇～二二パーセント、再生可能エネルギー二二～二四パーセント、液化天然ガス（ＬＮＧ）火力二七パーセント、石炭火力二六パーセント、石油火力三パーセントという割合を決定しています。

ところが、原発の原則運転四〇年を守るなら、新設か運転延長がないかぎり、二〇～二二パーセントという数字には届かないのです。政府は「現時点で原子力発電所の新設は想定しない」との方針ですから、結局は、大半の原発は運転延長を前提としていることがわかります。これでは例外とは言えなくなってしまいます。

最終処分場の候補地選びに乗り出したが

本文で指摘したように、日本は原子炉から出る「核のゴミ」（放射性廃棄物）の最終処分場が決まりません。これまでは自治体が名乗り出るのを待っていましたが、その見通しが立たないことから、経済産業省は二〇一七年七月、最終処分場になり得る地域を「科学的特性マップ」として公開しました。

その結果、日本の面積の三分の二の地域は候補地になり得るというのです。しかし、受け入れる自治体が出てくるものなのか。依然として見通しは暗いと言わざるを得ません。

日本は、そして私たちは、原子力のエネルギーとどう付き合うべきなのか。私たちの生き方そのものにも関わってくる問題なのです。私たちに、その覚悟はあるのでしょうか。

二〇一七年一二月

池上　彰

主要原子力関連年表

1895年 12月31日 ウィルヘルム・レントゲンがX線発見
1896年 7月31日 アントワーヌ・ベクレルがウラン鉱の放射能発見
1932年 12月31日 ナチスが議会第一党となる
1933年 1月30日 アルバート・アインシュタインがベルギーへ亡命
1933年 4月7日 ドイツ、ナチスが政権獲得、ヒトラーが首相就任
 ドイツ、ユダヤ人公職追放。物理学者が海外へ亡命
1934年 12月 イタリアでエンリコ・フェルミがウランへの中性子照射実験
1938年 12月10日 フェルミがノーベル物理学賞受賞。その後アメリカへ亡命
1938年 12月22日 ドイツでオットー・ハーンとリーゼ・マイトナーがウランの核分裂現象を発見
1939年 8月2日 アインシュタインとシラードがアメリカ大統領宛書簡で原爆製造を勧告
1939年 9月1日 ドイツがポーランド侵攻(第二次世界大戦勃発)
1940年 4月 日本、陸軍航空技術研究所が理化学研究所に原爆製造の調査を命令
1941年 10月 日本、原爆製造が理論的に可能と報告
1941年 10月9日 アメリカ、ルーズベルト大統領が科学研究開発局に原子爆弾開発の命令
1941年 12月8日 日本が真珠湾を攻撃。太平洋戦争始まる
1942年 11月23日 アメリカ、原爆生産の研究所設置をロスアラモスに決定
1945年 5月7日 ドイツ、降服
1945年 7月16日 アメリカ、アラモゴードで世界初のプルトニウム型原爆実験
1945年 8月6日 広島に原子爆弾が投下
1945年 8月8日 ソ連、日本に宣戦布告

1946年 8月9日 長崎に原子爆弾が投下。ソ連対日参戦
8月15日 日本、連合軍に対して無条件降伏。終戦
10月16日 アメリカ、オッペンハイマーがロスアラモス研究所長を辞任
7月1日 アメリカ、ビキニ環礁で初の原爆実験
1948年 4月1日 ソ連、ベルリン封鎖開始
4月14日 アメリカ、エニウェトク環礁で核実験
8月15日 大韓民国成立
9月9日 朝鮮民主主義人民共和国成立
12月15日 フランス、第1号原子炉臨界
1949年 8月29日 ソ連、最初の原爆実験
1950年 1月31日 アメリカ、トルーマン大統領が水爆製造指令
6月25日 朝鮮戦争勃発
11月30日 アメリカ、トルーマン大統領が朝鮮戦争で原爆使用の可能性あると発言
1951年 9月8日 サンフランシスコ講和条約、日米安保条約調印（翌年4月28日発効）
12月29日 アメリカ、世界初の原子力発電が行われる
1952年 4月28日 サンフランシスコ講和条約発効
8月6日 広島で原爆犠牲者慰霊碑除幕式
10月3日 イギリス、モンテ・ベロ島で最初の核実験
10月24日 日本学術会議総会が、原子力問題の検討・調査機関設置を政府に勧告する提案
11月1日 アメリカ、初の水爆実験
1953年 1月20日 アメリカ、アイゼンハワーが大統領に就任
7月27日 朝鮮戦争の休戦協定調印

8月8日　ソ連、水爆保有を発表（8月20日最初の水爆実験成功と公表）
12月8日　アメリカ、アイゼンハワー大統領が原子力平和利用を提言

1954年
1月21日　アメリカ、世界初の原潜「ノーチラス号」が進水
3月1日　アメリカ、ビキニ環礁で水爆実験。第五福竜丸被曝
3月3日　自由党・改進党・日本自由党が2億3500万円の原子力予算案を衆院予算委員会に提出
3月4日　「原子炉に関する基礎調査及び研究の助成金」の名で衆議院通過
3月5日　日本、原子力予算案が本会議通過
3月14日　第五福竜丸が焼津に帰港
3月16日　読売新聞が「福竜丸事件」をスクープ
4月3日　日本、原子力予算を含む予算案成立
4月23日　日本学術会議が「原子力の研究と利用に関し公開、民主、自主の原則を要求する声明」可決（原子力三原則）
5月9日　原水爆禁止署名運動杉並評議会、杉並アピールを発表、署名運動を開始（3000万人に）
8月8日　原水爆禁止署名運動全国協議会結成、全国的な原水爆禁止署名運動起こる
8月12日　読売新聞社が「だれにでもわかる原子力展」開催（11日間）
8月30日　アメリカ、アイゼンハワー大統領が原子力法改定
9月23日　東京国立第一病院で第五福竜丸の無線長久保山愛吉死去
9月30日　原潜「ノーチラス号」就航
11月3日　東宝映画『ゴジラ』が封切り
12月18日　NATO、理事会で核武装計画を承認

1955年 2月27日 正力松太郎が衆院選挙に富山二区で出馬、当選
4月29日 ソ連、中国と東欧への実験用原子炉の供与を発表
5月13日 「原子力平和利用大講演会」ジョン・ホプキンス（「ジェネラル・ダイナミックス」社長）招聘
5月14日 ワルシャワ条約調印
5月19日 日本、米国からの濃縮ウラン受け入れを決議
6月21日 日米原子力協定、ワシントンで仮調印（11月14日調印）
8月6日 広島で第1回原水爆禁止世界大会開催／朝日新聞が「原子雲を越えて」連載開始
8月8日 ジュネーブで原子力平和利用国際会議開催（8月20日まで）
12月19日 原子力三法（原子力基本法・原子力委員会設置法・原子力局設置に関する法律）公布（翌56年1月1日施行）
1956年 1月1日 原子力委員会発足。正力松太郎が初代委員長に就任
5月21日 アメリカ、ビキニ環礁で水爆実験
1957年 7月29日 国際原子力機関（IAEA）設立（70年から機能）
8月27日 日本、第1号原子炉（JRR-1）が臨界、「太陽の火ともる」と朝日新聞見出し
9月29日 ソ連、チェリャビンスク原発で事故
10月10日 イギリス、ウィンズケール・プルトニウム生産炉で溶融事故
12月18日 アメリカ、シッピングポート原発発電開始
1960年 1月19日 日米新安全保障条約調印
2月13日 フランス、サハラ砂漠で初の原爆実験
1961年 1月3日 アメリカ、アイダホの実験炉で核的暴走事故／アメリカとキューバが国交断絶
1月24日 核兵器搭載のB52爆撃機墜落、ノースカロライナ州ゴールズボロに核爆弾2個落下

1963年　3月11日　日本学術会議が米原潜寄港の安全性公表を政府に勧告
　4月26日　原潜の日本寄港に科学者たちが反対署名。日本学術会議も声明発表
　8月5日　アメリカ・イギリス・ソ連、部分的核実験禁止条約（ＰＴＢＴ）に調印（10月10日発効）
　10月26日　原研の動力試験炉ＪＰＤＲが日本初の原子力発電に成功（原子力の日）
　11月16日　イギリス、ウィンズケールの冷却炉で事故
1964年　10月16日　中国、初の原爆実験
1965年　11月10日　茨城県東海村原発第1号炉が稼働
　12月5日　ベトナム沖から横須賀へ帰還中のアメリカ空母「タイコンデロガ」から、水爆搭載の戦闘機が海中滑落、水爆は未回収
1966年　1月17日　スペイン南部でアメリカのＢ52爆撃機が給油機と空中衝突、4個の水爆が落下
　7月25日　東海村原発が営業運転開始
　9月19日　三重県芦浜原発の予定地視察に200隻の海上デモ
1967年　6月17日　中国、初の水爆実験
1968年　1月19日　アメリカ原子力空母「エンタープライズ」が佐世保寄港
　1月30日　佐藤首相が施政方針演説で「非核三原則」明言
　5月24日　ソ連、原子力潜水艦の炉心溶融事故
　7月1日　核拡散防止条約（ＮＰＴ）署名開始
　8月24日　フランス、初の水爆実験
1969年　11月19日　佐藤栄作首相とアメリカのニクソン大統領が会談
　11月　アメリカとソ連、戦略核兵器制限交渉の開始
1970年　3月5日　核拡散防止条約（ＮＰＴ）発効

1971年　3月14日　日本原子力発電福井県敦賀発電所が営業運転開始
　　11月28日　関西電力福井県美浜原発第1号炉操業開始
　　11月30日　新型転換炉「ふげん」建設許可
1972年　3月26日　東京電力福島1号原発操業開始
　　5月26日　アメリカとソ連、第一次戦略兵器制限交渉（SALTⅠ）に調印／弾道弾迎撃ミサイル制限（AMB）条約に調印
1973年　6月22日　ソ連のブレジネフ書記長が訪米、核戦争防止協定調印
　　9月26日　イギリス、ウィンズケール核工場で放射性物質漏洩事故、35人が被曝
1974年　6月6日　電源三法公布
　　9月1日　原子力船「むつ」が洋上での原子炉臨界実験中に放射線漏れ事故
　　10月6日　日本への核兵器持ち込みに関して、退役海軍少将ラロックがアメリカ議会で証言
1975年　9月　物理学者、高木仁三郎らが、「原子力資料情報室」を設立
1977年　4月24日　高速増殖炉実験炉「常陽」が臨界に
1978年　3月20日　「ふげん」が臨界に
　　6月9日　愛媛県伊方原発第2号炉許可取り下げの提訴
　　10月16日　「むつ」が佐世保港に入港
　　12月16日　OPEC、原油価格の4段階値上げ決定
　　この年、原子力発電の発電電力量が水力を上回る
1979年　3月20日　「ふげん」が本格運転開始
　　3月28日　アメリカ、スリーマイル島で原発事故
　　6月18日　アメリカとソ連、第二次戦略兵器制限交渉（SALTⅡ）調印
　　12月27日　ソ連、アフガニスタンに侵攻

1981年　4月18日　敦賀原発で高濃度の放射性廃液漏出とその原因となる事故隠しが判明
1985年　9月18日　新潟県柏崎刈羽原発1号炉、営業運転を開始
　　　　12月12日　北朝鮮、核拡散防止条約（NPT）に署名
1986年　4月26日　ソ連、チェルノブイリ原発で大事故発生
1987年　12月8日　アメリカとソ連、中距離核戦力（INF）全廃条約調印（翌88年6月1日発効）
1990年　11月19日　ヨーロッパ通常戦力（CFE）条約調印（92年11月発効）
1991年　1月17日　湾岸戦争勃発（2月27日終結）
　　　　2月25日　「むつ」が正式実験航海に出航
　　　　5月18日　高速増殖炉「もんじゅ」が完成
　　　　7月31日　アメリカとソ連、第一次戦略兵器削減条約（START I）に調印
1992年　1月21日　北朝鮮、「朝鮮半島の非核化に関する共同宣言」調印
　　　　9月22日　最高裁が「もんじゅ」をめぐる行政訴訟で原告全員の適格性を認めて、差し戻し
　　　　10月29日　最高裁が伊方・福島第2をめぐる行政訴訟で原告の上告を棄却
　　　　12月8日　日本原燃が六ヶ所村の放射性廃棄物処理施設の操業開始
1993年　1月3日　アメリカとロシア、第二次戦略兵器削減条約（START II）に調印
1994年　4月5日　「もんじゅ」が初臨界
　　　　6月13日　北朝鮮、「IAEA」脱退声明
1995年　3月9日　朝鮮半島エネルギー開発機構（KEDO）発足
　　　　12月8日　「もんじゅ」で2次冷却系配管から液体ナトリウム漏れ事故。運転中止
1996年　8月4日　新潟県巻町で原発建設の是非を問う住民投票、反対が過半
　　　　9月10日　国連総会が包括的核実験禁止条約（CTBT）を採択
　　　　9月16日　北朝鮮潜水艦事件（江陵浸透事件）

1997年　12月24日　敦賀原発2号機で1次冷却水漏れ事故、原子炉手動停止
1998年　1月20日　日本、プルサーマル計画の推進が発表される
　　　　8月31日　北朝鮮、ミサイル発射実験（テポドン）
1999年　9月30日　東海村のJCO東海事業所で臨界事故
2001年　5月18日　フィンランド、オルキルオト島への最終処分場設置を決定。最終処分場を決めた世界最初の国
　　　　5月27日　柏崎刈羽原発で、刈羽村村議会が住民投票、反対派が勝利
2002年　5月24日　アメリカとロシア、戦略攻撃能力削減に関する条約（モスクワ条約）に調印
　　　　12月27日　北朝鮮、IAEA査察官を国外退去に
2003年　1月27日　「もんじゅ」事故をめぐる控訴審で、名古屋高裁が設置許可処分を無効とする判決。日本の原発訴訟初の原告勝訴
　　　　8月27日　北京で第1回六か国協議
2005年　8月3日　イラン、保守強硬派のアフマディネジャドが大統領就任
　　　　9月19日　六か国協議で共同声明
2006年　4月13日　イラン、ウラン濃縮に成功と発表
　　　　7月31日　国連安保理がイラン核問題に対する決議
　　　　10月9日　北朝鮮、初の核実験
2007年　7月16日　新潟県中越沖地震で、柏崎刈羽原発の変圧器に火災発生
2008年　6月27日　北朝鮮、ニョンビョン核施設の冷却塔を爆破
2009年　4月1日　アメリカのオバマ大統領が、ロシアのメドベージェフ大統領と会談
　　　　4月5日　オバマ大統領がプラハで核兵器廃絶をめざす演説
　　　　4月8日　アメリカとロシアがプラハで「新軍縮条約」を調印（翌11年2月5日発効）

２０１０年　５月25日　北朝鮮、２回目の核実験
　　　　　　12月10日　オバマ大統領がノーベル平和賞受賞
２０１０年　４月８日　アメリカとロシア、第四次戦略兵器削減条約（新ＳＴＡＲＴ）に調印
　　　　　　８月27日　「もんじゅ」炉内中継装置の事故で運転中止に
　　　　　　10月22日　日本、官民出資の「国際原子力開発株式会社」設立
　　　　　　10月30日　ベトナムの原発建設に日本のメーカーが内定
２０１１年　３月11日　東日本大震災、東電福島第１原発事故発生
　　　　　　６月６日　ドイツ、２０２２年までに国内の全原発を廃止する決定
　　　　　　６月14日　イタリア、国民投票で原発再開を否決
　　　　　　９月29日　日本、ベトナム電力公社と原発建設に関する覚書を締結
２０１２年　１月20日　日本、国内の原発を運転開始から40年で廃炉にする方針を発表
　　　　　　１月23日　ＥＵ、イラン産原油の輸入禁止を決定
　　　　　　２月24日　米朝協議。北朝鮮がアメリカの食料援助で合意
　　　　　　４月19日　東電福島第１原発の１号機から４号機の廃炉が正式決定
　　　　　　５月５日　日本のすべての原子力発電が稼働停止
　　　　　　９月19日　日本、原子力規制委員会が発足
２０１３年　８月28日　原子力規制委員会は、福島第１原発のタンクからの汚染水漏れを国際原子力・放射線事象評価尺度をレベル１からレベル３へと引き上げる発表
　　　　　　12月18日　東京電力、福島第１原発の５・６号機の廃炉を発表
２０１４年　７月16日　原子力規制委員会、九州電力鹿児島県川内原発１・２号機の安全対策が新規制基準適合と了承
２０１５年　３月13日　福島県大熊町で除染作業で出た汚染土の中間貯蔵施設への移動開始

4月14日　福井地方裁判所、関電福井県高浜原発3・4号機の再稼働差し止めの仮処分命令
7月14日　イランは、米英独仏露中の六か国と核開発の制限を決めた協議で合意
8月11日　九電川内原発1号機が、福島の原発事故後、国内ですべて運転停止していた原発のなかで、初の再稼働
12月24日　福井地裁は、関電の異議申し立てを受け、高浜原発3・4号機の再稼働差し止め仮処分を取り消し

2016年
3月9日　大津地裁が、高浜原発3・4号機の運転停止を命じる仮処分。翌年3月28日大阪高裁が運転を認める決定
4月1日　電気事業法が改正され、電力が完全自由化
5月27日　オバマ大統領が現職として初の広島訪問。広島平和記念公園で献花、スピーチを行う
9月9日　北朝鮮、5回目の核実験
11月11日　日印原子力協定署名、2017年7月20日発効に
11月22日　ベトナム、原発建設計画の白紙撤回を決定
12月21日　「もんじゅ」の廃炉が正式決定

2017年
5月17日　高浜原発4号機が再稼働
6月6日　茨城県大洗町の日本原子力研究機構「大洗研究開発センター」で点検中に5人の作業員が被曝
9月3日　北朝鮮、6回目の核実験

主要参考文献

『IAEA査察と核拡散』今井隆吉　日刊工業新聞社　一九九四年
『最新・アメリカの軍事力』江畑謙介　講談社現代新書　二〇〇二年
『ウラルの核惨事』ジョレス・A・メドベージェフ著、梅林宏道訳　技術と人間　一九八二年
『栄光と夢―アメリカ現代史　1~5』ウィリアム・マンチェスター著、鈴木主税訳　草思社　一九七六~七八年
『汚染地帯からの報告』チェルノブイリ救援調査団編　リベルタ出版　一九九一年
『「科学者の社会的責任」についての覚え書』唐木順三　筑摩書房　一九八〇年
『核解体』吉田文彦　岩波書店　一九九五年
『核戦争の悪夢』ナイジェル・コールダー著、服部学、坪井主税訳　みすず書房　一九八二年
『核なき世界を求めて』ウィリアム・J・ペリー著、春原剛訳　日本経済新聞出版社　二〇一一年
『核の人質たち』バーナード・J・オキーフ著、原礼之助訳　サイマル出版会　一九八六年
『核の冬　第三次世界大戦後の世界』カール・セーガンほか著、野本陽代訳　光文社　一九八五年
『核爆発災害』高田純　中公新書　二〇〇七年
『核兵器撤廃への道』杉江栄一　かもがわ出版　二〇〇二年
『核兵器は世界をどう変えたか』シドニー・レンズ著、矢ケ崎誠治訳　草思社　一九八六年
『〝核〟を求めた日本』「NHKスペシャル」取材班　光文社　二〇一二年
『激化する国際原子力商戦』村上朋子　エネルギーフォーラム　二〇一〇年

『原子爆弾　その理論と歴史』山田克哉　講談社　一九九六年
『原子力　その隠蔽された真実』ステファニー・クック著、藤井留美訳　飛鳥新社　二〇一一年
『原子力神話からの解放』高木仁三郎　講談社+α文庫　二〇一一年
『新版　原子力の社会史』吉岡斉　朝日新聞出版　二〇一一年
『原子力は誰のものか』ロバート・オッペンハイマー著、美作太郎、矢島敬二訳　中央公論社　一九五七年
『原子力発電で本当に私たちが知りたい120の基礎知識』広瀬隆、藤田祐幸　東京書籍　二〇〇〇年
『原子力発電をどうするか』橘川武郎　名古屋大学出版会　二〇一一年
『原子力問題の歴史』吉羽和夫　河出書房新社　一九六九年
『原爆から水爆へ　上下』リチャード・ローズ著、小沢千重子、神沼二真訳　紀伊國屋書店　二〇〇一年
『原発危機の経済学』齊藤誠　日本評論社　二〇一一年
『原発・正力・CIA』有馬哲夫　新潮新書　二〇〇八年
『原発と原爆』川村湊　河出書房新社　二〇一一年
『原発と日本はこうなる』河野太郎　講談社　二〇一一年
『原発とヒロシマ』田中利幸、ピーター・カズニック　岩波書店　二〇一一年
『原発とプルトニウム』常石敬一　PHP研究所　二〇一〇年
『原発のコスト』大島堅一　岩波新書　二〇一一年

『裁かれる核』朝日新聞大阪本社「核」取材班　朝日新聞社　一九九九年
『サハロフ回想録　上下』アンドレイ・サハロフ著、金光不二夫、木村晃三訳　中公文庫　二〇〇二年
『ザ・フィフティーズ　上下』デイヴィッド・ハルバースタム著、金子宣子訳　新潮社　一九九七年
『証言・核抑止の世紀』吉田文彦　朝日新聞社　二〇〇〇年
『1945年8月6日　ヒロシマは語りつづける』伊東壮　岩波ジュニア新書　一九七九年
『ソ連・ロシアの核戦略形成』仙洞田潤子　慶應義塾大学出版会　二〇〇二年
『チェルノブイリ　アメリカ人医師の体験』R・P・ゲイル、T・ハウザー著、吉本晋一郎訳　岩波新書　一九八九年
『チェルノブイリ　いのちの記録』菅谷昭　晶文社　二〇〇一年
『チェルノブイリ極秘』アラ・ヤロシンスカヤ著、和田あき子訳　平凡社　一九九四年
『チェルノブイリ診療記』菅谷昭　晶文社　一九九八年
『チェルノブイリの遺産』ジョレス・メドヴェジェフ著、吉本晋一郎訳　みすず書房　一九九二年
『チェルノブイリの惨事』ベラ・ベルベオーク、ロジェ・ベルベオーク著、桜井醇児訳　緑風出版　一九九四年
『中国の核・ミサイル・宇宙戦力』茅原郁生編著　蒼蒼社　二〇〇二年
『東西冷戦・狂気の浪費』足立壽美　現代企画室　一九九四年
『データベース戦争の研究』三野正洋、深川孝行　光人社　一九九九年

『トム・クランシーの原潜解剖』トム・クランシー著、平賀秀明訳　新潮文庫　一九九六年
『内部告発　元チェルノブイリ原発技師は語る』グレゴリー・メドベージェフ著、松岡信夫訳　技術と人間　一九九〇年
『新版ナガサキ―1945年8月9日』長崎総合科学大学平和文化研究所編　岩波ジュニア新書　一九九五年
『なぜメルケルは「転向」したのか』熊谷徹　日経BP社　二〇一二年
『開かれた「パンドラの箱」と核廃絶へのたたかい』原水爆禁止日本国民会議ほか編　七つ森書館　二〇〇二年
『福島の原発事故をめぐって』山本義隆　みすず書房　二〇一一年
『FUKUSHIMAレポート　原発事故の本質』FUKUSHIMAプロジェクト委員会　日経BPコンサルティング　二〇一二年
『「フクシマ」論　原子力ムラはなぜ生まれたのか』開沼博　青土社　二〇一一年
『プルトニウム　超ウラン元素の正体』友清裕昭　講談社　一九九五年
『ベラルーシ　大地にかかる虹』神谷さだ子　東洋書店　二〇〇一年
『放射性廃棄物の憂鬱』楠戸伊緒里　祥伝社新書　二〇一二年
『未確認原爆投下指令』ユージン・バーディック、ハーヴィー・ウィーラー著、橋口稔訳　創元推理文庫　一九八〇年
『私たちはこうして「原発大国」を選んだ』武田徹　中公新書ラクレ　二〇一一年

本書は、二〇一二年五月、書き下ろし単行本として
ホーム社より刊行されたものに加筆しました。

本文デザイン／ｕｓｉ
写真／アフロ
図版／テラエンジン

集英社文庫

池上彰《いけがみあきら》の講義《こうぎ》の時間《じかん》 高校生《こうこうせい》からわかる原子力《げんしりょく》

2017年12月20日　第１刷　　定価はカバーに表示してあります。

著　者　池上《いけがみ》　彰《あきら》

発行者　村田登志江

発行所　株式会社 集英社

東京都千代田区一ツ橋2-5-10　〒101-8050

電話　【編集部】03-3230-6095

【読者係】03-3230-6080

【販売部】03-3230-6393（書店専用）

印　刷　凸版印刷株式会社

製　本　凸版印刷株式会社

フォーマットデザイン　アリヤマデザインストア　　マークデザイン　居山浩二

ISBN978-4-08-745679-0 C0195